土壤综合改良
和配方施肥技术与应用

王翰霖　贾爱平　施文艺
叶　林　李文甲　卜燕燕　主编

中国农业科学技术出版社

图书在版编目（CIP）数据

土壤综合改良和配方施肥技术与应用／王翰霖等
主编. --北京：中国农业科学技术出版社，2024.5（2025.3重印）
ISBN 978-7-5116-6839-4

Ⅰ.①土… Ⅱ.①王… Ⅲ.①土壤改良②施肥-配方
Ⅳ.①S156②S147.2

中国国家版本馆 CIP 数据核字（2024）第 103237 号

责任编辑　白姗姗
责任校对　李向荣
责任印制　姜义伟　王思文

出 版 者　中国农业科学技术出版社
　　　　　北京市中关村南大街 12 号　　邮编：100081
电　　话　（010）82106638（编辑室）　（010）82106624（发行部）
　　　　　（010）82109709（读者服务部）
网　　址　https://castp.caas.cn
经 销 者　各地新华书店
印 刷 者　中煤（北京）印务有限公司
开　　本　140 mm×203 mm　1/32
印　　张　5.375
字　　数　140 千字
版　　次　2024 年 5 月第 1 版　2025 年 3 月第 8 次印刷
定　　价　36.00 元

《土壤综合改良和配方施肥技术与应用》
编 委 会

主　编：王翰霖　　贾爱平　　施文艺　　叶　林

　　　　李文甲　　卜燕燕

副主编：杨永霞　　金　徽　　耿　荣　　赵智明

　　　　张　丞　　张铃雅　　冉文婷　　李邦耀

　　　　雷金银　　赵　营　　刘汝亮　　靳　磊

　　　　罗爱华　　赵素平　　王红梅　　王旭敏

　　　　郭军成　　王晓媛　　李克农　　项　生

　　　　马志虎　　李广成　　马广福　　杨玉珮

　　　　王小玲

前　言

    土壤是农业的基础，良好的土壤条件是作物生长和发育的重要保障。然而，由于自然条件和人为因素的影响，许多地区的土壤存在盐碱化、酸化、板结等问题，这些问题严重影响了作物的生长和农业生产的发展。

    在农业生产中，土壤综合改良和配方施肥技术的应用具有重要意义。不仅可以解决土壤盐碱化、酸化、板结等问题，还可以提高土壤的持续生产力，促进农业可持续发展。因此，应该加强对农民的技术培训和指导，推广土壤综合改良和配方施肥技术，以促进农业生产的可持续发展。

    为了帮助农民朋友更好地了解和应用土壤改良方法与配方施肥技术，我们编写了本书。本书共六章，分别为土壤基础知识、盐碱地改良、设施土壤改良、化学肥料鉴别与施用、有机肥料积制与施用、测土配方施肥。

    本书结构清晰、语言简单，具有实用性和可读性，可供农林院校师生及从事土壤肥料科研、生产、技术推广人员参考。

    由于时间仓促及编者水平有限，书中难免有疏漏和不足之处，欢迎广大读者批评指正。

编　者

2024 年 4 月

目　录

第一章　土壤基础知识

第一节　土壤的组成和性质

一、土壤的组成

土壤是由固相、液相和气相三相物质组成的疏松多孔体。固相物质是岩石风化后的产物，包括土壤矿物质、土壤中动植物残体的分解产物和再合成物质，以及生活在土壤中的微生物。土壤矿物质构成土壤的无机体，后两者构成土壤的有机体。在土壤固相物质之间有大小不同的孔隙，孔隙中充满了水分和空气。

（一）土壤的化学组成

土壤是三相物质共存的统一体，为植物提供必需的生存条件。土壤固相物质由不同粒径的原生矿物、次生矿物和有机物质、土壤动物、微生物组成，是土壤的基础物质。土壤液相物质包括土壤水分和各类可溶性电解质。土壤气相物质是存在于土壤孔隙中的空气。一般来说，土壤中的固相占土壤质量的70%~90%，占土壤总容积的50%；液相占土壤质量的10%~30%，占土壤总容积的20%~30%；气相占土壤质量的1%以下，占土壤总容积的20%~30%。

土壤液相是溶解了固相和气相成分的溶液，其成分又反过来影响着固相和气相成分的溶解与分解作用。虽然固相、液相和气相三相物质化学成分之间相互转化，但固相的化学成分在整个土壤成分中具有决定性的作用，因此土壤化学组成受土壤土质、大气、温度、湿度、土壤生物的影响，体现了不同土壤类型成土母质与成土条件的特性；同时在人为因素的影响下，土壤化学组成也会发生一定的改变。

1. 土壤矿物质的化学组成

土壤矿物质构成了土壤的骨架，支撑着植物的生长。多数耕作土壤中矿物质占土壤总质量的 90% 以上。土壤矿物质是岩石经过风化作用形成的不同大小的矿物颗粒（砂粒、土粒和胶粒）。土壤矿物质种类很多，化学组成复杂，它直接影响土壤的物理、化学性状和化学组成，是植物生长所需的矿物养分来源。土壤矿物质可划分为原生矿物和次生矿物。

原生矿物是原始成岩矿物在风化过程中仅遭到机械破碎而没有改变成分和结构的一类矿物，基本上保持了岩石中的原始化学成分，主要有硅酸盐类、氧化物类、硫化物类、磷酸盐类；次生矿物是原生矿物在风化过程中形成的新矿物，包括各种简单盐类、铁铝氧化物和次生硅酸盐黏土矿物类（如高岭土、蒙脱土），它们是土壤矿物质中最活跃的重要物质成分。土壤矿质营养元素主要来源于土壤矿物质，土壤矿物质含有的主要元素有氧、硅、铝、铁、铅、镁、钾、钠、磷、锰等 10 多种常量元素和 20 多种微量元素。土壤矿物质各种元素的相对含量与地球表面岩石圈元素的平均含量及其化学组成相似。

2. 土壤液相的化学组成

土壤液相指土壤水分及其所含的溶质，即土壤溶液。土壤溶液存在于土壤结构体内毛管孔隙中。土壤溶液中主要含有无机盐类、无机胶体（铁、铝氧化物）、有机化合物、有机胶体（有机酸、糖类、蛋白质及其衍生物含腐植酸）、络合物（如铁铝有机络合物）、溶解性气体（O_2、CO_2）等；离子态物质，包括各种重金属离子、阴离子化合物、H^+、OH^-等。

土壤溶液的化学组成及其浓度随时间、空间、位置、种类的变化而变化很大，不同土壤、不同土层、不同时间，甚至同一土壤、同一土层之间存在很大差异。土壤溶液中的化学成分受土壤固相物质、土壤空气及外界进入土壤的物质及水分物质组成的影响，是它们之间物质和能量交换、迁移及转化的结果。土壤各种固相物质经过分解转化成可被作物吸收的可溶性物质，存在于土壤溶液中最终被作物吸收。因此土壤溶液中可溶性物质化学成分及其浓度决定着植物的生长状态，植物直接从土壤溶液中吸收水、养分及有害物质。

3. 土壤气相的化学组成

土壤气相指存在于土壤孔隙中的空气，土壤空气来源于大气和土壤中有机活体的呼吸与有机质的分解，主要有 O_2、CO_2、N_2及少量其他气体。土壤空气中 O_2 占 $10.35\% \sim 20.03\%$、CO_2 占 $0.15\% \sim 0.65\%$、N_2 占 $78.8\% \sim 80.2\%$，土壤空气中的 CO_2 浓度始终高于近地大气中 CO_2 的浓度（0.03%），O_2 浓度低于近地大气中 O_2 浓度（20.94%）。土壤空气化学组成受大气、土壤湿度、土壤温度和季节等因素的影响而时刻变化。土壤空气对植物生长、微生物活动有直接影响，能为植物根系提供必需的 O_2。有资料报道，当空气中 O_2 浓度 $<9\%$ 时，根系发育受影响；O_2 浓度 $<5\%$，根系就会停止发育。

土壤中 O_2 浓度反映土壤的氧化还原状况，CO_2 的浓度反映土壤的酸碱性，如淹水条件下土壤中 O_2 浓度会下降，CO_2 浓度会上升，Eh 值降低，通气不良，而土壤氧化还原状况又直接影响土壤养分的形态和状态。

（二）土壤有机质

土壤有机质主要累积于土壤表层，它与矿物质是土壤固相部分的主要构成物质，土壤有机质主要来源于土壤动植物残体和施入土壤中的有机肥料。这些有机物质经过物理、化学、生物的反应和作用，形成了新的性质相当稳定而复杂的有机化合物，被称为土壤有机质。

土壤有机质包括酶、腐殖质、分解和半分解状土壤动植物残体、含氮及不含氮有机化合物、部分有机质分解产物及新合成的简单有机化合物。土壤有机物质的成分主要以有机质和氮素来表示，土壤中有机质含量的多少能直接反映土壤肥力水平的高低，因此有机质是土壤中最重要的物质。不同土壤类型有机质含量差别很大，有机质主要集中于土壤耕层（0~20厘米），通常在耕地土壤耕层中仅占土壤干重的0.5%~2.5%，我国大多数土壤中有机质含量在1%~5%。土壤有机质以腐殖质为主，腐殖质是有机物经微生物分解后合成的一种褐色或暗褐色的大分子胶物质，与土壤矿物质土粒紧密结合在一起，是土壤有机质存在的主要形态特征。在一定条件下，腐殖质缓慢分解，释放出来以氮素为主的养分供给植物生长吸收，将植物从土壤中吸收的元素又返回到土壤表层。

土壤有机质的化学组成决定于进入土壤中的有机物质的组成。土壤有机质的主要元素有碳、氧、氢、氮，有机化合物主要有碳水化合物，是土壤有机质中最主要的有机化合物，约占有机质总量的15%，包括糖类、纤维素、半纤维素、果胶质、甲壳质等，含氮化合物主要来源于动植物残体中的蛋白质，蛋白质是由氨基酸组成的，除含有碳、氢、氧外，还含有氮。一般含氮化合物需要经过微生物分解后被利用，因此含氮化合物是植物能够吸收的营养来源，是土壤肥力水平的决定性物质。除此之外，土壤有机质还含有少量的树脂、蜡质、脂肪等较复杂的有机化合物，不溶于水。灰分是植物残体燃烧后留下的灰，主要化学元素为钙、镁、钾、钠、硅、磷、硫、铁、铝、锰等，还有少量的碘、锌、硼、氟等元素。

（三）土壤生物

土壤生物包括土壤动物、土壤微生物等。土壤生物是土壤具有生命力的表现，在土壤形成和发育过程中起主导作用。同时，土壤中生物是净化有机污染物的主力军。因此，生物群体是评价土壤质量和健康状况的重要指标之一。土壤动物包括脊椎动物、节肢动物、软体动物、环节动物、线形动物和原生动物等。土壤微生物种类繁多、分布广、数量大，是土壤生物中最活跃的部分。其中，细菌是土壤微生物中分布最广、数量最多的一类，占土壤微生物总数的 70%~90%；特点是个小、代谢强、繁殖快、与土壤接触表面积大，是土壤最活跃的因素，具有富集土壤重金属及降解农药等有机污染物的作用。此外，放线菌的数量和种类之多仅次于细菌，其作用主要是分解有机质，对新鲜的纤维素、淀粉、脂肪、木质素和蛋白质等均有分解能力，并可产生抗生素，对其他有害菌起拮抗作用。此外，土壤生物还包括具有固氮作用的蓝细菌、黏细菌、真菌、藻类等。

（四）土壤水

土壤水是土壤的重要组成部分之一。土壤水是作物吸水的最主要来源，它也是自然界水循环的一个重要环节，处于不断地变化和运动中，势必影响作物的生长和土壤中许多化学、物理及生物学过程。

从作物对水分吸收的角度来讲，土壤含水量及其有效性是土壤对作物提供水分的重要影响因素。

1. 土壤含水量

土壤含水量有多种表达方式，数学式表达也不同，常用的有质量含水量、容积含水量、相对含水量和土壤储水量等。

2. 土壤水的有效性

土壤水的有效性指土壤中的水能否被植物吸收利用及其难易程度。不能被植物吸收利用的水为无效水，能被植物吸收利用的水为有效水。

当植物因根无法吸收水而发生永久萎蔫时，此时的土壤含水量为萎蔫系数或萎蔫点。它因土壤质地、作物和气候不同而不同。一般土壤质地越黏重，萎蔫系数越大。

土壤毛细管悬着水达到最多时的含水量称为田间持水量。在数量上它包括吸湿水、膜状水和毛细管悬着水。当一定深度的土体储水量达到田间持水量时，若继续供水，就不能使该土体的持水量增加，而只能湿润下层土壤。所以田间持水量是确定灌溉水量的依据。田间持水量主要受土壤质地、有机质含量、结构和松紧状况等影响。

（五）土壤空气

土壤空气是土壤的重要组成之一。它对土壤微生物活动、营养物质、土壤污染物质的转移以及植物的生长发育都有重要作用。

土壤空气主要来源于大气；土壤内部进行的生物化学过程也产生一些气体。

土壤中空气是运动的，其方式有两种：一是土壤空气与大气的对流；二是土壤空气向大气扩散。人们把土壤从大气吸收 O_2 同时排出 CO_2 的作用，称为土壤呼吸。

二、土壤的性质

（一）土壤质地

土壤质地主要继承了成土母质来源及成土过程的某些特征，是土壤十分稳定的自然属性。土壤质地一般分为沙土、壤土和黏土 3 种，不同质地反映不同的土壤性质。

（二）土壤结构

土壤是由土壤固体颗粒，即土粒（分单粒和复粒），在内外综合作用下相互团聚成一定形状和大小且性质不同的团聚体

（土壤结构体）而形成的。土壤结构可分为块状结构和核状结构、棱柱状结构和柱状结构、片状结构、团粒结构等。其中团粒结构多在土壤表土中出现，特点是：土壤泡水后结构不易分散；不易被机械力破坏；具有多孔性等。具有团粒结构的土壤是农业的最佳结构形态，有利于作物根系生长发育，有利于空气的流动和对流，有利于水分的输送和吸收。

（三）土壤通气性

土壤通气性对于保证土壤空气更新有重大意义。如果土壤没有通气性，土壤空气中的 O_2 在很短时间内就会被全部消耗，而 CO_2 则会增加，以致危害作物生长。实际测量表明，在 20～30℃、0～30 厘米的表层土壤，每平方米每小时的耗氧量高达 0.5～1.7 升。设土壤中的平均空气容量为 33.3%，其中 O_2 含量为 20%，如果土壤不能通气，土壤中 O_2 将会在 12～40 小时内被耗尽。所以，土壤的通气性可以保障土壤中空气与大气交流，不断更新土壤空气组成，保持土体各部分气体组成趋向均一。总之，土壤的通气性能良好，就有充足的 O_2 供给作物根系、土壤动物、微生物，保障作物的生长发育。

（四）土壤酸碱性

土壤酸碱性与土壤的固相组成和吸附性能有着密切的关系，是土壤的一个重要化学性质，其对植物生长和土壤生产力以及土壤污染与净化都有较大的影响。

1. 土壤 pH 值

土壤酸碱度常用土壤溶液的 pH 值表示。土壤 pH 值常被看作土壤性质的主要指标，它对土壤的许多化学反应和化学过程都有很大的影响，对土壤中的氧化还原、沉淀溶解、吸附、解吸和配位反应起支配作用。土壤 pH 值对植物和微生物所需养分元素的有效性也有显著的影响。在 pH 值>7 的情况下，一些元素，特别是微量金属阳离子如 Zn^{2+}、Fe^{3+} 等的溶解度降低，植物和微生物会受到由于此类元素的缺乏而带来的负面影响；5.0<pH值<5.5时，铝、锰及众多重金属的溶解度提高，对许多生物产生毒害；更极端的pH值预示着土壤中将出现特殊的离子和矿物，例如pH值>8.5，一般会有大量的溶解性Na^+存在，往往也会有金属硫化物存在。

土壤pH值对土壤中养分存在形态和有效性、土壤理化性质和微生物活性具有显著影响。微生物原生质的pH值接近中性，土壤中大部分微生物在中性条件下生长良好，pH值<5一般停止生长。

2. 土壤酸度

（1）土壤活性酸。土壤中的水分不是纯净的，含有各种可溶的有机、无机成分，有离子态、分子态，还有胶体态的。因此土壤活性酸度是土壤溶液中游离的H^+引起的，常用pH值表示，即溶液中氢离子浓度的负对数。土壤酸碱性主要根据活性酸划分：pH值在6.6~7.4为中性。我国土壤pH值一般在4~9，在地理分布上由南向北pH值逐渐增大，大致以长江为界。长江以南的土壤为酸性和强酸性，长江以北的土壤多为中性或碱性，少数为强碱性。

（2）潜性酸。土壤胶体上吸附的氢离子或铝离子，进入溶液后才会显示出酸性，称之为潜性酸，常用1 000克烘干土中氢离子的摩尔数表示。

潜性酸可分为交换性酸和水解性酸两类。

①交换性酸：用过量中性盐（氯化钾、氯化钠等）溶液，与土壤胶体发生交换作用，土壤胶体表面的H^+或Al^{3+}被浸提剂的阳离子所交换，使溶液的酸性增加。测定溶液中氢离子的浓度即得交换性酸的数量。

②水解性酸：用过量强碱弱酸盐（CH_3COONa）浸提土壤，胶体上的H^+或Al^{3+}释放到溶液中所表现出来的酸性。CH_3COONa

水解产生 NaOH，pH 值可达 8.5，Na^+ 可以把绝大部分的交换性的 H^+ 和 Al^{3+} 交换下来，从而形成醋酸，滴定溶液中醋酸的总量即得水解性酸度。

交换性酸是水解性酸的一部分，水解能置换出更多的氢离子。要改变土壤的酸性程度，就必须中和溶液中及胶体上的全部交换性 H^+ 和 Al^{3+}。在酸性土壤改良时，可根据水解性酸来计算所要施用的石灰的量。

（3）土壤酸的来源。

①土壤中 H^+ 的来源：由 CO_2 引起（土壤气体、有机质分解、植物根系和微生物呼吸）；土壤有机体的分解产生有机酸，硫化细菌和硝化细菌还可产生硫酸和硝酸；生理酸性肥料（硫酸铵、硫酸钾等）。

②气候对土壤酸化的影响：在多雨潮湿地带，盐基离子被淋失，溶液中的 H^+ 进入胶体取代盐基离子，导致 H^+ 积累在土壤胶体上。而我国东北和西北地区的降水量少，淋溶作用弱，导致盐基积累，土壤大部分则为石灰性、碱性或中性土壤。

③铝离子的来源：黏土矿物铝氧层中的铝，在较强的酸性条件下释放出来，进入到土壤胶体表面成为交换性的 Al^{3+}，其数量比 H^+ 数量大得多，土壤表现为潜性酸。长江以南的酸性土壤主要是由于 Al^{3+} 引起的。

3. 土壤碱度

土壤碱性反应及碱性土壤形成是自然成土条件和土壤内在因素综合作用的结果。碱性土壤的碱性物质主要是钙、镁、钠的碳酸盐和重碳酸盐，以及胶体表面吸附的交换性钠。形成碱性反应的主要机理是碱性物质的水解反应，如碳酸钙的水解、碳酸钠的水解及交换性钠的水解等。

和土壤酸度一样，土壤碱度也常用土壤溶液（水浸液）的 pH 值表示，据此可进行碱性分级。由于土壤的碱度在很大程度上取决于胶体吸附的交换性 Na^+ 的饱和度，称为土壤碱化度，它是衡量土壤碱度的重要指标。

土壤碱化与盐化有着发生学上的联系。盐土在积盐过程中，胶体表面吸附有一定数量的交换性钠，但因土壤溶液中的可溶性盐浓度较高，阻止交换性钠水解。所以，盐土的碱度一般都在 pH 值 8.5 以下，物理性质也不会恶化，不显现碱土的特征。只有当盐土脱盐到一定程度后，土壤交换性钠发生解吸，土壤才出现碱化特征。但土壤脱盐并不是土壤碱化的必要条件。土壤碱化过程是在盐土积盐和脱盐频繁交替发生时，促进 Na^+ 取代胶体上吸附的 Ca^{2+}、Mg^{2+}，从而演变为碱化土壤。

（五）土壤的氧化还原性

与土壤酸碱性一样，土壤氧化性和还原性是土壤的又一重要化学性质。电子在物质之间的传递引起氧化还原反应，表现为元素价态变化。土壤中参与氧化还原反应的元素有碳、氢、氮、氧、铁、锰、砷、铬及其他一些变价元素，较为重要的是氧、铁、锰、硫和某些有机化合物，并以氧和有机还原性物质较为活泼，铁、锰、硫等的转化则主要受氧和有机质的影响。土壤中的氧化还原反应在干湿交替下进行得最为频繁，其次是有机物质的氧化和生物机体的活动。土壤氧化还原反应影响着土壤形成过程中物质的转化、迁移和土壤剖面的发育，控制着土壤元素的形态和有效性，制约着土壤环境中某些污染物的形态、转化和去向。因此，土壤氧化还原性在环境土壤学中具有十分重要的意义。

土壤具有氧化还原性的原因在于土壤中多种氧化还原物质共存。土壤气体中的氧和高价金属离子都是氧化剂，而土壤有机物以及在厌氧条件下形成的分解产物和低价金属离子等为还原剂。由于土壤成分众多，各种反应可同时进行，其过程十分复杂。

土壤氧化还原能力的大小可用土壤的氧化还原电位（Eh）来衡量，主要为实测的 Eh 值，其大小的影响因素涉及土壤通气性、微生物活动、易分解有机质的含量、植物根系的代谢作用、土壤的 pH 值等多方面。一般旱地土壤的 Eh 为 400～700 毫伏；水田的 Eh 为−200～+300 毫伏。根据土壤 Eh 值可以确定土壤中有机物和无机物可能发生的氧化还原反应的环境行为。

土壤中氧是主要的氧化剂，通气性良好、水分含量低的土壤的电位值较高，为氧化性环境；渍水的土壤电位值较低，为还原性环境。此外，土壤微生物的活动、植物根系的代谢及外来物质的氧化还原性等也会改变土壤的氧化还原电位值。从土壤污染的研究角度出发，特别注意污染物在土壤中由于参与氧化还原反应所造成的对迁移性与毒性的影响。

氧化还原反应还可影响土壤的酸碱性，使土壤酸化或碱化，pH 值发生改变，从而影响土壤组分及外来污染元素的行为。

（六）土壤酶活性

土壤酶来源于微生物、植物根系、土壤动物和动植物残体。酶主要吸附在有机质和矿物质胶原体上，并以复合物的状态存在。至今，在土壤中已发现的酶有 50～60 种，包括氧化还原酶、转化酶和水解酶等。酶在土壤中的作用是参与各种生化反应，对土壤圈中养分循环和污染物质的净化具有重要作用，土壤酶活性可以综合反映土壤理化性质和重金属浓度，特别是脲酶的活性可用于监测重金属污染。到目前为止，用于监测重金属污染的还有脱氢酶、转化酶和磷酸酶等。

土壤酶活性受到多种环境因素的影响，如土壤质地、结构、水分、温度、pH 值、阳离子交换量、腐殖质、黏粒矿物及土壤中氮、磷、钾含量等。

pH 值对酶活性的影响表现为：转化酶适宜 pH 值在 4.5～5.0 的酸性土壤；磷酸酶适宜 pH 值在 4.0～6.7 和 8.0～10 之间的土壤；脲酶最适宜 pH 值为 7 的中性土壤；脱氢酶最适宜 pH 值>7 的碱性土壤。

酶活性在根际土壤中比在非根际土壤中大。不同植物的根际土壤中酶活性也有较大差异。例如，脲酶在豆科作物的根际土壤中的活性比在其他作物根际土壤中要高；蛋白酶、转化酶、磷酸酶及接触酶的活性在三叶草根际土壤中比在小麦根际土壤中高。此外，土壤酶活性还与植物生长过程和季节性的变化有一定的相关性，在作物生长最旺盛期酶的活性也最大。酶活性还受土壤污染物的影响，重金属、杀虫剂、杀菌剂等对酶活性有抑制作用。

第二节 土壤环境问题

一、土壤环境

土壤环境即地球表面能够生长植物，具有一定环境容量及动态环境过程的地表疏松层连续体构成的环境。它区别于大气、河流、海洋、森林及生物群落等其他自然生态环境，是处于其他环境要素交会地带的中心环境要素，对人类（包括其他生物体）的生存与发展起着重要和基本的作用。土壤环境体系是由气（土壤气体）、液（土壤水溶液）、固（土壤颗粒，包括有机、无机物质和外源输入固体颗粒）三相构成的非均质各向异性的复合体系，其中由于基本的水、肥、气、热条件及生命活动为土壤环境体系的基本物质循环和转化提供条件，同时，对各种人类活动输入的污染物的迁移和转化等过程起着重要的推动作用。

二、土壤环境特点

土壤是地球陆地表面的覆盖层，是地球系统中生物多样性最丰富、能量交换和物质循环最活跃的体系，是生态环境的核心要素。土壤环境主要具备以下特点。

（一）具有生产力

土壤含有植物生长必需的营养元素、水分等适宜条件，是最为重要的生产力要素之一，对社会的稳定与发展起着至关重要的作用。同时，土壤也可作为建筑物的基础和工程材料，为多用途的生产力要素。

（二）具有生命力

土壤圈是地球各大圈层中生物多样性最高的部分，由于生命活动的存在，在土壤环境中不停发生着快速的物质循环和能量交换。

（三）具有环境净化能力

土壤是由气、液、固三相组成的非均质各向异性的复杂体系，对污染物具有一定的缓冲和净化能力，是具有吸附、分散、中和、降解环境污染物功能的复合体系。

（四）为中心环境要素

由气、液、固三相组成的土壤环境体系是联结大气圈、水圈、岩石圈和生物圈的纽带，是自然环境的中心要素和环节，是一个开放的、具有生命力，对地球其他圈层起到深刻影响和作用的圈层。

三、土壤环境问题

土壤作为重要的生产资料和环境要素，在人类活动广泛影响的情况下，其功能和各种物理、化学及生物学过程产生了不同程度的改变，导致土壤肥力质量、健康质量及环境质量下降，引发各种土壤质量问题。土壤环境质量下降即土壤环境问题广义上包括土壤荒漠化、盐渍化、土壤侵蚀等土壤质量退化和土壤污染问题。

（一）土壤荒漠化

土壤荒漠化是指由于人为和自然因素的综合作用使土壤环境

本身的自然循环状态受到影响和破坏，使得干旱、半干旱甚至半湿润地区自然环境退化（包括盐渍化、草场退化、水土流失、土壤沙化、狭义沙漠化、植被荒漠化、历史时期沙丘前移入侵等以某一环境因素为标志的具体的自然环境退化）的总过程。土壤荒漠化已成为世界范围的区域性土壤环境问题，由此引发了干旱、沙尘暴、河流断流、地下水位下降等一系列生态环境问题。

（二）土壤盐渍化

土壤盐渍化是指土壤底层或地下水的盐分随毛管水上升到地表，水分蒸发后，使盐分积累在表层土壤中的过程，也指易溶性盐分在土壤表层积累的现象或过程，也称盐碱化。由于漫灌和只灌不排，导致地下水位上升，土壤底层或地下水的盐分随毛管水上升到地表，水分蒸发后，使盐分积累在表层土壤中，当土壤含盐量太高（超过 0.3%）时，即形成盐碱灾害。我国盐渍土或盐碱土的分布范围广、面积大、类型多，总面积约 1 亿公顷，主要发生在干旱、半干旱和半湿润地区。

另外，现代农业中化肥的大量使用致使土壤板结，理化性质改变，甚至进一步演变成盐渍化，造成严重的土壤质量退化。

（三）土壤侵蚀

土壤侵蚀的本质是使土壤肥力下降，理化性质变劣，土壤利用率降低，生态环境恶化。除自然侵蚀之外，在人类改造利用自然、发展经济过程中，移动了大量土体，而不注意水土保持，直接或间接地加剧了侵蚀，增加了河流的输砂量。如矿山开采、毁坏树林、过度放牧、地下水过度开采、农用化学品过度施用等造成土壤质量下降，引发土壤侵蚀、水土流失等。我国是世界上土壤侵蚀最为严重的国家之一，研究土壤侵蚀机理，有效对其进行监控和治理已经成为全球关注的焦点。

（四）土壤污染

土壤污染是由于人类生产和生活造成严重的土壤环境问题。

随着现代人类社会的生产和生活节奏的加快，现代农业农药、化肥施用及污灌造成农业环境污染严重，约 1/5 的耕地受到污染；另外，城市交通、现代工业排放、生活源等各种类型和途径污染物的大量排放，导致土壤环境的污染加剧，已成为不可忽视的生态与环境问题。

第三节　土壤改良培肥方法

一、土壤改良培肥原则

(一) 生物、人工培肥相结合

可以采取种植豆科作物、绿肥作物、多年生牧草等进行地力培肥，其特点是成本较低、无污染。人工培肥是给土壤施入有机、无机肥料，特点是效率高、速度快，但投资较大。只有将二者结合施用，才能使土壤的"增肥"起到事半功倍的效果。

(二) 主次分明，"长短"结合

施肥时要充分考虑肥效差异、土壤耕作、灌溉制度以及茬口衔接等因素。肥效慢的肥料宜作底肥，要深施、早施；肥效快的肥料则要浅施、及时施。有灌溉条件的地块适宜高水高肥；干旱的地块则应视具体情况适时适量施肥。

(三) 加强培肥中低产田

通常情况下，随着施肥量的增加，产量也随之增加，但增加单位施肥量获得的收益却呈递减状态。因而，重视中低产田的培肥，可以使作物的增产效果显著，增加总收益。

二、耕地土壤改良培肥的途径

(一) 生物养地

生物养地是一种将生物及其残体融入土壤，从而增加土壤肥力、改良土壤结构的土壤改良方式。其中，利用微生物固氮能够节约大量能源，并且对环境无污染，是进行土壤培肥的重要方式；水稻、小麦、玉米等作物的秸秆中含有大量有机碳素，并且其腐殖化系数较高，所以将其粉碎后融入土壤中，能够增加土壤中的有机质含量，有效提高土壤肥力。通过农作物的合理布局以轮作倒茬，在一定程度上能够调节土壤肥力。

（二）化学培肥

通过施用化学肥料和土壤改良剂，强化农田物质循环、增进地力，是现代农业扩大再生产的基础，也是现代农业培肥地力的重要标志。化肥施用水平与产量水平密切相关，据估计，世界粮食增产额中约有 50% 靠的是化肥。在增产的同时，化肥还能有效地保持土壤中的氮、磷、钾、钙等养分的平衡，促进碳循环，但是化肥的施用量应服从施肥的经济原则，避免出现"报酬递减"现象。化肥的施用必须体现因土壤、作物制宜，氮磷钾合理配合施用原则；在增加无机投入的同时，还应注重有机投入，坚持有机与无机相结合，化肥的肥效快，但后效短、养分单一，有机肥的肥效慢，但后效长、养分全面，且含有微量元素。有机肥与化肥配合施用，可以相互取长补短，能够持续均衡地满足作物对养分的需求。

酸性土壤改良采用碱性物料（石灰物质）中和技术。但水田与旱地土壤背景 pH 值>6.0 或土壤背景 pH 值距校治目标 pH 值在 0.5 个单位范围内的，不采用碱性物质中和技术，宜通过提升土壤有机质和阳离子交换量，控制酸性与生理酸性肥料施用，选择配施碱性肥料等措施逐年校治。

酸性土壤改良所用的碱性物料包括钙和镁的氧化物、氢氧化物、碳酸盐和硅酸盐等，不同物料的中和能力各不相同，一般以中和值（CCE 值）衡量其中和能力，通常情况下使用石灰粉（主要成分 $CaCO_3$）来中和土壤。石灰粉的施用采用表面撒施后再深翻入土，使石灰粉和目标土壤均匀混合。使用石灰粉校治土壤 pH 值时，应适当增加有机肥和磷肥的施用量。依据石灰用量的大小，在原有磷肥适用量的基础上，增施 20%～50%。

调节碱性土壤宜使用石膏（$CaSO_4$）、硫黄粉等物料。苗床、圃地、基质等碱性土壤常用的改良材料为硫黄粉，使 1 000 千克风干土 pH 值下降 1 个单位的硫黄粉建议用量：沙土为 550 克、黏土为 800 克，使用时应结合基肥、翻耕全层施用。大田碱性土壤改良一般使用石膏或磷石膏，一般土壤中交换性 Na^+ 的比例达到 10%～20% 时，需少量施用石膏来调节土壤交换性钙；交换性 Na^+ 达到 20% 以上时，需施用石膏来改良土壤，改良土壤时石膏施用量控制在 375～450 千克/公顷。碱性土壤改良宜结合降盐技术，除用物料中和外，应配套实施种植结构调整，灌水淋洗，增施有机肥料，施用酸性和生理酸性肥料等。

（三）有机无机配合培肥

化肥能够快速提高土壤中速效养分的含量，从而有效提高作物产量。但是单一、大量的化肥投入成本较高，易造成养分淋失，降低肥料利用率且污染环境。而有机肥成分天然，取材自作物秸秆及人畜粪便，成本相对较低，能够有效改善土壤结构，提高土壤的缓冲能力。坚持有机肥与无机肥相结合的施肥方式，不仅可以降低综合成本，减少对环境的污染，还能够改善土壤肥力，且对提升地力水平具有积极作用。

有机肥分很多种类，不同的有机肥中的养分性质以及含量也存在很大差别，应该根据农作物的种类来合理施用有机肥。同时，还要选择适宜的施肥时期，根据农作物的营养临界期以及最大效率期，来合理确定施肥时间。

（四）合理耕作轮作

土壤耕性改良应减少不必要的作业项目或者实行联合作业，防止加重土壤板结；注意土壤的宜耕状态和宜耕期，避免在土壤过湿时进行耕作；适当免耕或少耕；增施有机肥，合理排灌。合理的灌溉可以提高土壤中的水分含量，同时促进了有机肥的吸收，有利于土壤肥力的调节。

深耕宜选择在适耕期进行。水田熟化土壤深度为 20~25 厘米，旱地深度大于 30 厘米。深耕作业要求实际耕幅与种植宽幅一致、保持深度均匀、无漏耕、重耕、耕深稳定性、土体破碎率等符合田间管理要求。土壤深耕宜结合秸秆还田和施用农家肥料，配合实施灌水、泡田、晒垡。熟化土壤适宜深耕周期为 2~3 年，特殊要求下也可 1 年 1 次，但原耕层浅薄或层次发育不良的田块应加大耕作深度，切忌一次性过深而彻底打破犁底层。土壤深耕后，应根据接茬作物种植标准实施耙田或深松技术，保持田面平整。

深松技术主要用于旱地作物播前管理，分全面深松和局部深松两种。全面深松适宜于工作幅宽较大的田块；局部深松常结合施肥、除草等田间管理措施同时进行，具体形式有间隔深松、浅翻深松、灭茬深松、中耕深松、垄作深松、垄沟深松等。深松应保持耕层土壤适宜的松紧度和保水保肥能力，深度控制在 15~20 厘米，易漏水、漏肥、漏气的田块不适宜深松。

长期种植单一品种，会打破土壤结构的平衡性，养分过多或者过少都不利于农作物的生长，所以合理轮作、间作，是提高土壤肥力的重要方式。豆科植物根系上共生的根瘤菌可以固定气态氮，在土壤中形成氮源，从而改善土壤肥力。所以进行农作物轮作和间作，可以平衡土壤中的养分含量，从而提高土壤肥力。

借助于土壤耕作、灌溉与排水、农田基本建设等农业措施，可以改善耕层构造，改善肥力条件，促进肥力因素有效化，控制地力非目标性消耗，为农田作物生长发育创造良好的土壤环境条件。

（五）农田建设防护

建立综合的农田防护体系，控制因水蚀、风蚀和草害导致农田肥力的非目标性输出。通过基本农田建设，营造农田防护林带，实施保护耕作、保护种植等措施，能改善农田生态环境条件，维护农田地力不致损耗。

设施农业土壤盐渍化发生后要坚持有机无机相结合，采用测土配方施肥和水肥一体化技术，严格控制化肥施用和其他农业投入品的盐分浓度。已发生土壤次生盐渍化的设施田块应实施水旱轮作，通过水稻或水生蔬菜轮作倒茬，利用一段时间的淹水淋洗，有效降低耕层土壤中可溶性盐分含量。设施栽培期间，条件许可时选择高温季节、梅雨季节揭去棚膜，深翻作畦，利用雨水淋溶洗盐；也可利用7—8月高温换茬季节，采用大水灌水闷棚和喷淋的方法，结合土壤消毒进行土壤洗盐、排盐。采用普通滴灌、膜下滴灌和地膜覆盖可减免土壤盐分向耕作表层积累。此外，施用有机肥改良土壤结构，提高土壤缓冲性能，改善土壤微生物的营养条件，可抑制由盐渍等引起的病原菌生长。

第二章 盐碱地改良

第一节 盐碱地基础知识

一、盐碱土的类型

盐碱土又称盐渍土，是土壤中含可溶性盐分过多的盐土和含交换性钠较多的碱土的统称，二者的性质虽有很大的不同，但在发生形成上有密切联系，且常交错分布，所以常统称为盐碱土。盐碱土主要分布于华北、西北、东北和东南沿海地区。根据含盐种类和酸碱度不同，盐碱土分为盐土和碱土两类。

盐土是盐碱土中面积最大的一类，主要是指土壤表层含可溶性盐超过 0.6% 的一类土壤。盐土主要含氯化物和硫酸盐，呈中性或弱碱性。氯化物为主的盐土毒性较大，含盐量的下限为 0.6%；硫酸盐为主的盐土毒性较小，含盐量的下限为 2%；氯化物—硫酸盐或硫酸盐—氯化物组成的混合盐土毒性居中，含盐量下限为 1%。含盐量小于这个指标的，就不列入盐土范围，而列为某种土壤的盐化类型，如盐化棕钙土、盐化草甸土等。

碱土是盐碱土中面积很小的一种类型，碱土中吸收性复合土体中交换性钠的含量占交换总量的 20% 以上。小于这个指标只将它列入某种土壤的碱化类型，如碱化盐土、碱化栗钙土。碱土主要含碳酸盐和重碳酸盐，呈碱性或重碱性。土壤的碱化程度越高，土壤的理化性状越差，表现出湿时膨胀、分散、泥泞，干时收缩、板结、坚硬，通气透水性都非常差的特点。这些特征的形成主要是由于 Na^+ 具有高度的分散作用，它与土壤中的其他盐类发生交换作用，形成碱性很强的碳酸钠。碱土对植物的危害作用很大程度就是碳酸钠的毒害作用。而大多数土壤在盐化的同时，其碱化的程度也很高，两者在形成过程中有着密不可分的联系。

二、盐碱土的成因

盐碱土是在一定的自然条件下，由多方面因素共同作用而造成的。其中，影响盐碱土形成的主要因素有地理条件、气候条件、土壤质地和地下水以及河流和海水的影响、耕作管理的不当等。

（一）地理条件

地形部位高低对盐碱土的形成影响很大，地形高低直接影响地表水和地下水的运动，也就与盐分的移动和积聚有密切关系。从大地形看，水溶性盐随水从高处向低处移动，在低洼地带积聚。盐碱土主要分布在内陆盆地、山间洼地和平坦排水不畅的平原区，如松辽平原。从小地形（局部范围内）来看，土壤积盐情况与大地形正相反，盐分往往积聚在局部的小凸起处。

（二）气候条件

在我国东北、西北、华北的干旱、半干旱地区，降水量小，蒸发量大，溶解在水中的盐分容易在土壤表层积聚。夏季雨水多而集中，大量可溶性盐随水渗到下层或流走，这就是"脱盐"季节；春季地表水分蒸发强烈，地下水中的盐分随毛管水上升而聚集在土壤表层，这是主要的"返盐"季节。东北、华北、半干旱地区的盐碱土有明显的"脱盐""返盐"季节，而西北地区，由于降水量很少，土壤盐分的季节性变化不明显。

（三）土壤质地和地下水

质地粗细可影响土壤毛管水运动的速度与高度。一般来说，壤质土毛管水上升速度较快，高度也高，沙土和黏土积盐均较慢。地下水影响土壤盐碱的关键问题是地下水位的高低及地下水矿化度的大小，地下水位高，矿化度大，容易积盐。

（四）河流和海水的影响

河流及渠道两旁的土地，因河水侧渗而使地下水位抬高，促使积盐。沿海地区因海水浸渍，可形成滨海盐碱土。

（五）耕作管理的不当

有些地方浇水时大水漫灌，或低洼地区只灌不排，以致地下水位很快上升而积盐，使原来的好地变成了盐碱地，这个过程叫次生盐渍化。为防止次生盐渍化，水利设施要排灌配套，严禁大水漫灌，灌水后要及时耕锄。

三、盐碱地的分布情况

盐碱地是一种重要的土地资源，土壤盐渍化也是一个世界性的资源和生态问题。世界上存在大量的盐渍化土壤，其主要分布在中纬度地带的干旱区、半干旱区或者是滨海地区。根据联合国教科文组织（UNESCO）和联合国粮食及农业组织（FAO）的不完全统计，全球有各种盐渍土，广泛分布于100多个国家和地区，面积约 $1×10^9$ 公顷，占全球陆地面积的10%，并且以每年 $1×10^6 \sim 1.5×10^6$ 公顷的速度在增长。

我国的盐碱土分布范围也很广泛，总面积约 $9.91×10^7$ 公顷，居世界第4位，其中现代盐碱土 $3.69×10^7$ 公顷，残余盐碱土 $4.49×10^7$ 公顷，潜在盐碱土 $1.73×10^7$ 公顷。根据土壤类型和气候条件大致可分为滨海盐土和海涂、黄淮海平原盐渍土、东北松嫩平原的盐土和碱土、半漠境内陆盐土和青新极端干旱的漠境盐土五大片。其中盐碱化耕地 $7.6×10^6$ 公顷，近1/5耕地发生盐碱化，其中原生盐化型、次生盐化型和各种碱化型分布分别占总面积的52%、40%和8%。同时，我国沿海各省、自治区、直辖市约有 $1.8×10^4$ 千米的滨海地带和岛屿沿岸，广泛分布着各种滨海盐土，总面积可达 $5×10^6$ 公顷，主要包括长江以北的辽宁、河北、山东等省，江苏北部的海滨冲积平原及长江以南的浙江、福建、广东等省沿海一带的部分地区。

　　土壤盐碱化已经是一个世界性难题。由于我国人口大量增长，对耕地需求日益增大，大量森林、草地、湿地等被开垦为耕地，再加上人类不合理耕作而造成的土壤次生盐碱化，而盐碱地又不适合植物尤其是农作物的生长，这样使土壤盐碱化进入了一个恶性循环，严重影响和制约了现代农业和畜牧业的发展。通常土壤含盐量在0.2%~0.5%时不利于植物生长，而受土壤中碳酸盐累积的影响，我国盐碱地的碱化度普遍较高，严重的盐碱土壤地区植物几乎不能生存。我国不少盐碱地的含盐量达0.6%~1.0%，而滨海盐碱地区土壤含盐量可达2.0%~6.0%。现今，国内外次生盐碱化耕地面积还在不断扩大。

四、盐碱地的危害

　　盐碱地引起的危害可以分为以下几类。

（一）盐碱地对树木生长的影响

1. 引发生理干旱

　　由于盐碱土中含盐量非常大，土壤溶液的渗透压远高于正常值，导致树木根系吸收养分、水分非常困难，浓度过高时，甚至会出现水分从根细胞外渗的情况，破坏树体内正常的水分代谢，造成生理干旱、树体萎蔫、生长停止甚至全株死亡。一般情况下，土壤表层含盐量超过0.6%时，大多数树种已不能正常生长；土壤中可溶性盐含量超过1.0%时，只有一些特殊耐盐树种才能生长。

2. 危害树体组织

当土壤 pH 值很高时，OH^- 对树体产生直接毒害。因为树体内积聚的过多盐分严重阻碍了蛋白质的合成，从而导致含氮的中间代谢产物积累，造成树体组织的细胞中毒。另外，盐碱的腐蚀作用也能使树木组织直接受到破坏。

3. 滞缓营养吸收

过多的盐分使土壤物理性状恶化、肥力降低，树体生长需要的营养元素摄入速率和利用转化率都降低。而 Na^+ 的竞争，使树体对钾、磷等其他营养元素的吸收减少，磷的转移受到抑制，严重影响树体的营养状况。

4. 影响气孔开闭

在高浓度盐分作用下，叶片气孔保卫细胞内的淀粉合成受阻，气孔不能正常关闭，树木容易因水分过度蒸腾而干枯死亡。

（二）盐碱化对农业生产造成的危害

盐碱地危害农业生产，降低农作物的单位面积产量。主要表现在以下几个方面。

1. 影响种子发芽出苗

当土壤溶液总盐量约为 10 克/千克时，棉花种子就停止吸收水分，种子发芽率仅为 50%；如果土壤溶液总盐量达 20 克/千克，发芽率只有 20%。

2. 离子毒害

当土壤含盐量高时，大量离子（Cl^-、SO_4^{2-} 等阴离子和 Na^+、K^+、Ca^{2+}、Mg^{2+} 等阳离子）进入植物体内，就会破坏作物地上器官和组织，造成作物体内非营养物质饱和，影响植物必需营养元素的吸收，使作物营养失调。

3. 影响作物吸收水分

土壤含盐量增加时，土壤溶液浓度相应提高，渗透压会相应增大。如果土壤溶液的渗透压超过了根毛细胞液的渗透压就会产生生理脱水，造成植物的发育不良，甚至是枯萎死亡。

4. 恶化土壤的物理性质

盐碱化会影响土壤养分的释放和植物对养分的吸收。同时，盐碱化还会破坏土壤中的微生物群落，影响有机质的分解和养分的循环，导致土壤肥力下降。此外，盐碱化还会破坏土壤中的团粒结构，影响土壤的通气性和保水性，使土壤变得板结、干燥，不利于植物的生长。

（三）危害灌区水利工程设施

土壤中的盐分不仅能改变土壤流限和塑限，降低土壤密实度，而且其中的硫酸盐、氯化物对砖、钢铁、水泥、沥青、橡胶、木材和石料等建筑材料都具有不同程度的腐蚀性，对道路、渠道、房屋和其他建筑产生较大的破坏作用，严重威胁水利工程设施的安全运行。

（四）破坏生态环境，威胁人类生存环境

土壤盐渍化作为土地荒漠化的一种表现，将导致地面植被生产力下降、土地退化、生物多样性降低。土壤盐碱化严重的地区，由于自然植被减少，造成局部地区湿度降低，蒸发量增大，容易形成干旱、风沙等自然灾害，破坏生态环境，威胁着人类的生存环境。

第二节　土壤盐分监测分析技术

一、土壤样品的采集和制备

土壤样品的采集和制备是土壤理化分析的重要环节。采样过程中引起的误差往往比室内分析引起的误差大得多，因此，必须采集有代表性的土样。样品的采集和制备必须严格认真地进行，否则尽管以后分析工作很精细，仍不能得出正确的结果。因此，

科学合理的土壤样品采集和制备是土壤分析的基础，是分析数据质量控制的源头步骤。从野外采回来的土壤样品，常常含有砾石、根系等杂物，土粒又相互黏聚在一起，这就会影响分析结果的准确性，所以在进行分析前，必须经过一定的制备处理。

（一）前期准备

（1）取样物品灭菌。将取土铲、土样保存袋等直接接触采集样品的物品在紫外灯下灭菌 15 分钟。

（2）土壤样品标签准备。取大号标签纸，准备样品标签。

（二）土样的采集

分析某一土壤或土层，只能抽取其中有代表性的少部分土壤，即土样。采样的基本要求是使土样具有代表性，即能代表所研究的土壤总体。根据不同的研究目的，可有不同的采样方法。

1. 土壤剖面样品

土壤剖面样品是为研究土壤的基本理化性质和发生分类所采集的样品。应按土壤类型，选择有代表性的地点挖掘剖面，根据土壤发生层次由下而上地采集土样。一般在各层的典型部位采集厚约 10 厘米的土壤，但耕作层必须全层柱状连续采样，每层采 1 千克；放入干净的布袋或塑料袋内，袋内外均应附有标签，标签上注明采样地点、剖面号码、土层和深度。

2. 耕层土壤混合样品

为了解土壤肥力情况，一般采用混合土样，即在一采样地块上多点采土，混合均匀后取出一部分，以减少土壤差异，提高土样的代表性。

（1）采样点的选择。选择有代表性的采样点，应考虑地形需基本一致，近期施肥耕作措施、植物生长表现需基本相同。采样点 5~20 个，其分布应尽量照顾到土壤的全面情况，不可太集中，应避开路边、地角和堆积过肥料的地方。

（2）采样方法。在确定的采样点上，先用小土铲去掉表层 3

厘米左右的土壤，然后倾斜向下切取一片片的土壤。将各采样点土样集中一起混合均匀，按需要量装入袋中带回。

3. 土壤物理分析样品

测定土壤的某些物理性质。如土壤容重和孔隙度等的测定，需采原状土样，对于研究土壤结构性样品，采样时需注意湿度，最好在不粘铲的情况下采集。此外，在取样过程中，须保持土块不受挤压而变形。

4. 研究土壤障碍因素的土样

为查明植株生长失常的原因，所采土壤要根据植物的生长情况确定取样。大面积危害者应取根际附近的土壤，多点采样混合；局部危害者，可根据植株生长情况，按好、中、差分别取样（土壤与植株同时取样），单独测定，以保持各自的典型性。

5. 环刀取样测容重

选择有代表性土壤，将其表层去掉薄层、平整，将其刀刃方向向下，上侧环刀套上刀柄，将其垂直均匀用力插入土壤，必要时可用锤子或其他辅助工具将其垂直匀速砸入土层。当土壤稍溢出环刀时停止用力，用铲子将带原状土壤的环刀挖出，注意要使土壤充满整个环刀，取出后用削土刀将多出环刀部分的土壤轻轻削平，套上环刀盖，放入密封袋，贴上标签。

（三）样品的四分法分样

一般 1 千克左右的土样即够化学物理分析之用，采集的土样如果太多，可用四分法淘汰。四分法分样方法是：将采集的土样弄碎，除去石砾和根、叶、虫体，并充分混匀铺成正方形，画对角线分成四份，淘汰对角两份，再把留下的部分合在一起，即为平均土样，如果所得土样仍太多，可再用四分法处理，直到留下的土样达到所需数量（1 千克），将保留的平均土样装入干净布袋或塑料袋内，并附上标签。

（四）土壤样品制备与保存

土壤样品的处理包括风干、去杂、磨细、过筛、混匀、装瓶保存和登记等操作过程。

1. 土壤样品的制备

（1）风干、去杂。从田间采回的土样，除特殊要求鲜样外，一般要及时风干。其方法是将土壤样品放在阴凉干燥通风、无特殊的气体（如氯气、氨气、二氧化硫等）、无灰尘污染的室内，把样品弄碎后平铺在干净的牛皮纸上，摊成薄薄的一层，并且经常翻动，加速干燥。切忌阳光直接暴晒或烘烤。在土样稍干后，要将大土块捏碎（尤其是黏性土壤），以免结成硬块后难以磨细。样品风干后，应拣出枯枝落叶、植物根、残茬、虫体以及土壤中的铁锰结核、石灰结核或石子等，若石子过多，将其拣出并称重，记下所占的比例（%）。

（2）磨细、过筛。进行物理分析时，取风干土样 100～200 克，放在牛皮纸上，用木块碾碎，放在有盖底的 18 号筛（孔径 1 毫米）中，使其通过 1 毫米的筛子，留在筛上的土块再倒在牛皮纸上重新碾磨。如此反复多次，直到全部通过为止。不得抛弃或遗漏，但石砾切勿压碎。筛子上的石砾应拣出称重并保存，以备石砾称重计算之用。同时将过筛的土样称重，以计算石砾质量分数，然后将过筛后的土壤样品充分混合均匀后盛于广口瓶中，作土壤颗粒分析以及其他物理性质测定之用。

2. 土壤样品的保存

（1）对于要测定含水率、微生物特性等需要鲜样品的测试项目，去掉石砾和根、叶、虫体等明显不属于土壤基质的杂物后，将其密封，测定微生物性质的样品放于冰箱中 4℃一周内测定，进行分子生物学分析的样品可放于 -80～-60℃保存半年左右，而进行常规测定的则可在常温下保存，但需尽快测定。

（2）测定挥发性有机污染物和具有挥发性的重金属或其他

指标的样品，需要在室内或风速较小的室外，无强日光照射下阴干。测定粒径等指标的样品则需要风干。

（3）化学分析时，取风干好的土样按以上方法将其研碎，并使其全部通过 18 号筛（孔径 1 毫米）。所得的土壤样品，可用以测定速效性养分、pH 值等。测定全磷、全氮和有机质含量时，可将通过 18 号筛的土壤样品进一步研磨，使其全部通过 60 号筛（孔径 0.25 毫米）。测定全钾时，应将全部通过 100 号筛（孔径 0.149 毫米）的土壤样品，作为其分析用。研磨过筛后的土壤样品混匀后，装入广口瓶中。

（4）对于监测结束的样品，一般需要将风干或烘干样品放于贮存瓶中贮存 3~6 个月以供检测核对或其他用途。

二、土壤中可溶性盐分的测定方法

土壤中可溶性盐分是用一定的水土比例和在一定时间内浸提出来的土壤中所含有的水溶性盐分。分析土壤中可溶性盐分的阴、阳离子组成，由此确定的盐分类型和含量，可以判断土壤的盐渍状况和盐分动态。

可溶性盐分的测定方法很多，有重量法、电导法、比重计法，还有阴阳离子总合计算法等。这些方法各有其特点和适用范围。下面分别介绍重量法和电导法。

（一）重量法

1. 概述

土壤样品与水按一定的比例混合，经过一定时间振荡后，将土壤中的可溶性盐分提取到溶液中，然后将水土混合液进行过滤，滤液可作为土壤可溶性盐分测定的待测液。吸取一定量的待测液，经蒸干后，称得的重量即为烘干残渣总量（此数值一般接近或略高于盐分总量）。将此烘干残渣总量再用过氧化氢去除有机质后，再称其重量即得可溶性盐分总量。

2. 仪器

①电动振荡机；②真空泵（抽气用）；③大口塑料瓶（1 000 毫升）；④巴氏滤管和平板瓷漏斗；⑤抽气瓶（1 000 毫升）；⑥瓷蒸发皿（100 毫升）；⑦分析天平；⑧电烘箱；⑨水浴锅。

3. 分析步骤

（1）称取通过 18 号筛（1 毫米筛孔）风干土壤样品 100 克（精确到 0.1 克），放入 1 000 毫升大口塑料瓶中，加入 500 毫升无二氧化碳蒸馏水。

（2）将塑料瓶用橡皮塞塞紧后在振荡机上振荡 3 分钟。

（3）振荡后立即抽气过滤，如土壤样品不太黏重或碱化度不高，可用平板瓷漏斗过滤，直到滤清为止。土质黏重、碱化度高的样品，可用巴氏滤管抽气过滤，清液存于 500 毫升三角瓶中，用橡皮塞塞紧备用。如暂不测定钾、钠离子的溶液，应分装于 50 毫升左右的小塑料瓶中保存。

（4）吸取待测清液 50~100 毫升，放入已知重量的瓷蒸发皿中，将称皿放在水浴上蒸干（也可用砂浴）。

（5）用滤纸片擦干瓷蒸发皿外部，放入 100~105℃烘箱中烘干 4 小时，然后移至干燥器中冷却，用分析天平称重（一般冷却 30 分钟）。

（6）称好后的样品继续放入烘箱中烘 2 小时后再称重，直到恒重（即二次质量相差小于 0.000 3 克），即得烘干残渣。

（7）将上述的烘干残渣滴加 15%过氧化氢溶液使所有残渣湿润，在水浴上加热去除有机质，再按上法蒸干后，称至恒重，即得可溶性盐分总量。

（8）测定结果按下式计算：

$$烘干残渣（\%）= \frac{称皿与残渣重 - 称皿重}{W} \times 100$$

式中，W 为吸取待测液体积相当于土壤样品重（如吸取 50 毫升，即相当于 10 克样品）。

4. 注意事项

（1）水土比例问题。水土比例大小直接影响土壤可溶性盐分的提取，因此提取的水土比例不要随便更改，否则分析结果无法对比，通常采用水土比例为 5 : 1 提取。为了研究盐分动态更切合实际情况，采用田间湿土在土壤压榨机上压榨提取溶液，然后按同样方法进行分析。

（2）土壤可溶性盐分浸提（振荡）时间问题。经试验证明，水土作用 2 分钟，即可使土壤中可溶性盐的氯化物、碳酸盐与硫酸盐等全部溶入水中，如果延长作用时间，将有中溶性盐和难溶性盐（硫酸钙和碳酸钙等）进入溶液。因此，建议采用振荡 3 分钟立即过滤的方法，振荡和放置时间越长，对可溶性盐分的分析结果误差越大。

（3）过滤时尽可能快速，对质地黏重或碱化度高的土壤，用巴氏滤管抽气过滤。有时黏土会堵塞巴氏滤管的孔隙，致使过滤速度减慢，这时，可取下巴氏滤管，用打气球向管内打气加压，使吸附在管壁上的黏土呈壳状脱落下来，然后继续抽气过滤，可加快过滤速度。

（4）空气中的二氧化碳分压大小以及蒸馏水中溶解的二氧化碳，都会影响碳酸钙、碳酸镁和硫酸钙的溶解度，相应地影响水浸出液的盐分数量，因此，必须使用无二氧化碳的蒸馏水来提取样品。

（5）如用电导法测定盐分总量，则在振荡 3 分钟后，放置澄清 0.5 小时，即可测定。

（6）待测液不能放置过长时间（一般不得超过 1 天），否则会影响钙、镁、碳酸根和重碳酸根的测定。

（7）吸取待测液的数量，应依盐分的多少而定，若含盐量>0.5%，则吸取 25 毫升；若含盐量<0.5%，则吸取 50 毫升或100 毫升。保持盐分量在 0.02~0.2 克，过多则因某些盐类吸水，不宜称至恒重，过少误差太大。

（8）蒸干时的温度不能过高，否则，因沸腾使溶液遭到损失，特别当接近蒸干时更应注意，在水浴上蒸干就可避免这种现象。

（9）由于盐分在空气中容易吸水，故应在相同的时间和条件下冷却，称重。

（10）加过氧化氢去除有机质时只要使残渣湿润即可，这样可以避免由于过氧化氢分解时泡沫过多，使盐分溅失，因此，必须少量多次地反复处理，直到残渣完全变白为止。但溶液中有铁存在而出现黄色氧化铁时，不可误认为是有机质的颜色。

（二）电导法

1. 概述

土壤中的水溶性盐是强电介质，其水溶液具有导电作用，导电能力的强弱可用电导率表示。在一定浓度范围内，溶液的含盐量与电导率呈正相关，含盐量越高，溶液的渗透压越大，电导率也越大。土壤水浸出液的电导率用电导仪测定，直接用电导率数值表示土壤的含盐量。

2. 仪器

电导仪一台、铂电极和镀铂黑电导电极各一支。

3. 分析步骤

（1）将电导电极引线接到电导仪相应的接线柱上，接通电源，打开电源开关。

（2）按仪器说明书要求，调节仪器到工作状态。

（3）将电导电极插入待测液，稍摇片刻，打开测量开关，读取电导读数。

（4）测量待测液温度。

（5）取出电极，用蒸馏水冲洗后以滤纸吸干，准备测定下一个样品。

（6）结果计算根据电导读数（S）及电极常数（K）和温度系数（f_t）可按下式计算电导率（Y）：

$$Y = S \times f_t \times K$$

其总盐量可由该地区的盐分与电导率的数理统计关系方程式 $X = \dfrac{Y - a}{b}$ 求得。

式中，Y 为土壤浸出液电导率，秒/米；X 为土壤可溶性盐总量，%；a 为截距；b 为斜率。

4. 注意事项

（1）测定电极常数时，应选择与样品溶液浓度相近浓度的标准溶液，一般情况下，可选用 c（KCl）= 0.02 摩尔/升测定电导电极常数。

（2）测定高浓度样品时，可选择电极常数较高的铂黑电极；在测定低浓度样品时，因铂黑对电解质的吸附作用而使读数不稳定，应选用不镀铂黑的光亮铂电极。

（3）不同地区不同盐分类型的盐分电导曲线（$y = bx + a$）是不同的，必须用大量盐分与电导进行统计求得。

第三节 盐碱地改良的原则

防治土壤盐碱化的途径和措施很多，但综合防治最为有效，实践证明，实行综合防治必须遵循以下原则。

一、以防为主、防治并重

土壤没有次生盐渍化的地区，要全力预防。已经次生盐渍化的灌区，在当前着重治理的过程中，防治措施同时采用，才能达到事倍功半的效果；得到治理以后，还要坚持以防为主，已经取得改良效果才能得到巩固、提高。

二、水利先行、综合治理

"盐随水来，盐随水去"。水既是土壤积盐或碱化的媒介，也是土壤脱盐或脱碱的动力。控制和调节土壤中水的运移是改良盐碱土的关键，土壤的水的运动和平衡是受地面水、地下水和土壤水分蒸发所支配的，因而防治土壤盐碱化必须水利先行，通过水利改良措施达到控制地面水和地下水，使土壤中的下行水流大于上行水流，导致土壤脱盐，并为采用其他改良措施开辟道路。

三、统一规划、因地制宜

土壤水的运动是受地表水和地下水所支配的。要解决好垦区水的问题，必须从流域着手，从建立有利的区域水盐平衡着手，对水土资源进行统一规划、综合平衡，合理安排地表水和地下水的开发利用，建立流域完整的排水、排盐系统。

四、用改结合、脱盐培肥

盐碱地治理包括利用和改良两个方面，二者必须紧密结合。治理盐碱地的最终目的是获得高产稳产，把盐碱地变成良田，为此，必须从两个方面入手，一是脱盐去碱，二是培肥土壤。不脱盐去碱，就不能有效地培肥土壤和发挥土壤的潜在肥力，也不能保证产量；不培肥土壤，土壤的理化性质不能进一步改善，脱盐效果不能巩固，也不能高产。可见两者密切相关，是建设高产稳产田的必由途径。

五、灌溉与排水相结合

充分考虑水资源承载力，实行总量控制，协同区域灌溉和排水需求，促进农业结构调整，实行灌溉与排水相结合。实行灌溉洗盐和地下水位控制相结合，即实行灌溉洗盐，同时控制地下水位过高而引发新的次生盐碱化。

六、近期和长期相结合

防治土壤次生盐碱化，必须制订统一的规划。所采取的防治措施，一方面要有近期切实可行的内容，另一方面要有远期可预见的方向和目标。只有近期和远期相结合，土壤次生盐渍化防治才能取得成功。

第四节　盐碱地改良的技术

经过几代土壤科学家的努力，在盐碱土改良方面已经形成以因地制宜、相互结合、综合治理为基本原则，水利工程、生物修复、农业耕作、改良剂应用相结合为主要手段的一系列改良方法和经验。

一、农田水利工程改良盐碱土技术

农田水利工程改良盐碱土是依据"盐随水来，盐随水去"的基本原理。这是目前盐碱地改良中最有效的措施。

农田水利工程改良盐碱土的主要方法包括以下几种。

（一）排水措施

通过建立排水系统，如挖沟、修建渠道等，将土壤中的盐分随水排出，降低土壤盐分含量。以下是一些具体的步骤。

1. 挖掘排水沟

在盐碱土地区，可以挖掘明沟或暗沟，将土壤中的盐分随水排出。明沟是露天的排水沟，而暗沟则是在地下挖掘的排水管道。这些排水沟可以帮助将盐分含量高的水排出土壤，从而降低土壤盐分含量。

2. 修建渠道

为了更好地排水，可以修建渠道网络，将排水沟与更大的河流或湖泊连接起来。这样，排水可以直接进入更大的水体，避免在土壤中滞留，防止盐分积累。

3. 排水系统的维护

排水系统需要定期维护，以确保其正常运行。需要定期清理排水沟和渠道，防止淤积和堵塞。同时，也需要检查渠道的漏水情况，并及时进行修补，防止水分渗入地下，促进地下水上升，导致土壤盐碱化。

4. 控制地下水位

降低地下水位也是盐碱土改良的重要措施之一。可以通过增加地面植被、提高土壤有机质含量、加强土壤耕作等方式来控制地下水位的上升。此外，在盐碱土地区，也可以通过打井的方式抽取地下水，降低地下水位。

需要注意的是，排水措施虽然可以降低土壤盐分含量，但在实施过程中需要注意以下几点：一是排水沟和渠道的设计应合理，避免在土壤中留有死角，导致水分滞留，引起盐分积累。二是在进行排水措施的同时，也需要合理安排灌溉，以保证土壤中的水分平衡。三是排水措施不应过度抽取地下水，以免引起地下水位过低，导致土壤盐碱化加重。

（二）喷灌洗盐

通过模拟人工降雨的方式，将含有盐分的水喷洒到土壤表面，使土壤中的盐分溶解在水中，随水流入排水系统，达到改良盐碱土的目的。以下是一些具体的步骤和建议。

1. 喷洒含有盐分的水

可以使用含有一定盐分的水，通过模拟人工降雨的方式，将其喷洒到土壤表面。这样可以让土壤中的盐分溶解在水中，同时又不会对环境造成太大的影响。

2. 控制喷洒量

喷洒的水量应该适量，避免过度喷洒导致土壤过度潮湿，反而加重盐碱化问题。同时，喷洒的水质要干净，不能含有太多的杂质和污染物，以免对土壤造成进一步的损害。

3. 增加水分的渗透性

在喷洒含有盐分的水之后，可以使用一些增加水分渗透性的方法，如使用有机肥料、生物菌肥等，促进水分更好地渗透到土壤深层中，减少水分在土壤表层的滞留时间，避免盐分在表层积累。

4. 排水处理

在喷洒含有盐分的水之后，需要建立排水系统，将溶解了盐分的水及时排出。可以通过挖沟、修建渠道等方式来实现。排水系统需要定期维护，确保其畅通无阻。

（三）放淤压盐

通过向盐碱土中添加适量的泥沙，可以改善土壤质地，提高土壤的渗透性能，同时利用泥沙的吸附作用，将土壤中的盐分吸附在其表面，使其不易在土壤中移动。以下是一些关于利用泥沙改良盐碱土的要点。

1. 选择泥沙材料

用于改良盐碱土的泥沙应该是具有较好吸附性能和渗透性能的细沙或粉沙。这些泥沙能够有效地吸附土壤中的盐分，同时提高土壤的渗透性能，使水分和养分能够更好地渗透到土壤深层中。

2. 控制添加量

添加适量的泥沙可以改善盐碱土的质量，但添加量过多会导致土壤过于黏重，反而影响植物的生长。因此，在添加泥沙时，需要控制添加量，根据实际情况进行调整。

3. 混合均匀

在添加泥沙时，需要将其与表层土壤混合均匀，避免在土壤中形成团块，影响土壤的渗透性能。同时，在混合过程中，也可以适当加入一些有机肥料或生物菌肥等，增加土壤的有机质含量，改善土壤的理化性质。

4. 排水处理

在添加泥沙后，需要建立排水系统，将溶解了盐分的水及时排出。可以通过挖沟、修建渠道等方式来实现。排水系统需要定期维护，确保其畅通无阻。

二、农业改良盐碱土技术

农业改良盐碱土技术是一种通过耕作、灌溉和施肥等农业措施，改良盐碱土的方法。以下是一些农业改良盐碱土的技术。

（一）平整土地

在盐碱土地区，土地往往高低不平，容易积水。通过平整土地，可以减少土壤中的水分蒸发，避免盐分在土壤表层积累。平整土地还可以增加土壤的透气性和渗透性，促进水分和养分的吸收。

在平整土地时，需要注意控制田面高程，使田面高度适宜，既能够防止积水，又能够保持土壤的水分平衡。在盐碱土地区，田面高度一般控制在 0.2~0.5 米，具体高度需要根据实际情况来确定。

（二）深翻抑盐

在盐碱土地区，表层土壤往往板结、透气性差，深层土壤含盐量较高。通过深翻土地，可以将表层土壤和深层土壤混合均匀，打破土壤结构，增加土壤的透气性和渗透性。深翻土地可以将表层土壤中的盐分翻入深层，降低土壤表层的盐分含量。同时，深层土壤中的水分和养分也可以通过深翻而进入表层土壤，提高土壤的肥力。深翻土地需要注意时机和深度。在盐碱土地区，一般要求深翻至 30～40 厘米，打破土层结构，将上层全盐含量较高的表层土壤翻到底层。同时，需要注意不要破坏土壤结构，避免造成新的土壤板结。

（三）培肥抑盐改土

通过增施有机肥料、合理使用化肥、科学灌溉等措施，可以增加土壤的有机质含量，改善土壤的结构，同时也能有效地抑制土壤中盐分的作用。以下是一些具体的措施。

1. 增施有机肥料

有机肥料含有丰富的有机质和微生物，可以增加土壤的有机质含量，改善土壤的结构，提高土壤的保水保肥能力和渗透性能。在盐碱土地区，可以选择一些适合的有机肥料如腐熟的畜禽粪便、草木灰等，但是需要注意控制施肥量，避免过度施肥导致土壤过度肥沃。

2. 合理使用化肥

合理使用化肥可以提供植物所需的养分，促进植物的生长和发育。在盐碱土地区，可以选择一些低盐性、高效性的化肥，如尿素、硫酸钾等，但是需要注意控制施肥量，避免过度施肥导致土壤过度肥沃。

3. 科学灌溉

科学灌溉可以改善土壤的水分状况，促进土壤中盐分的溶解和排出。在灌溉时，可以选择一些适当的灌溉方式，如喷灌、滴灌等，同时需要控制灌溉水量和灌溉次数，避免过度灌溉导致土壤过度潮湿，加重盐碱化问题。

（四）地表覆盖

地表覆盖措施是目前最常用的改良措施，地表覆盖切断了土壤水和大气之间的交流，可有效地抑制土壤水分蒸发，降低盐分在表层积累。其中覆盖材料、覆盖时间以及覆盖量等对土壤水热盐动态有显著的影响，地膜覆盖可使土壤水蒸气回流，并对表层盐分具有有效的淋洗作用，随覆盖时间延长，土壤表层脱盐效率有增大趋势，在干旱地区以及春季干旱季节，提早覆膜有利于抑制土壤表层盐分积累。此外，秸秆覆盖对土壤盐分也具有较好的抑制作用，同时，还增加土壤有机质，提高土壤肥力，对调节土壤水盐状况有重要作用；其他的覆盖物也被利用于盐碱地改良，如水泥硬壳覆盖和沙石覆盖等，它们对减少土壤无效蒸发、调节盐分在土体中的分布、促进春播作物出苗等方面皆有一定作用。

三、生物改良盐碱土技术

盐碱地的生物改良通过引种、筛选和种植耐盐植物来改善土壤物理、化学性质和土壤小气候，从而达到减少土壤水分的蒸发和抑制土壤返盐目的。生物学措施改良盐碱土的方法包括以下几种。

（一）直接利用盐生植物改良盐碱土

直接利用盐生植物改良盐碱土是一种应用较普遍的方法，通过利用耐盐植物的生态适应性和生理生化特性，可以促进土壤盐分的吸收和排出，从而降低土壤盐分含量，提高土壤质量。以下是一些常见的盐生植物及其在盐碱土改良中的应用。

1. 盐角草

这是一种常见的耐盐碱植物，可以在高盐环境中生长，通过吸收土壤中的盐分来改善土壤质量。同时，盐角草还可以增加土壤中的有机质含量，改善土壤结构。

2. 盐蒿

盐蒿是一种常见的耐盐碱植物，具有良好的生态适应性和药用价值。通过种植盐蒿可以减少土壤中的盐分含量，改善土壤的理化性质。同时，盐蒿的枯枝落叶可以作为有机肥料，提高土壤肥力。

3. 其他耐盐植物

除了盐角草和盐蒿外，还有许多其他耐盐植物，如海滨碱蓬、海滨沼葵、獐毛等都可以用于盐碱土改良。这些植物通过吸收土壤中的盐分来降低土壤的盐碱性，同时也可以增加土壤中的有机质含量，改善土壤结构。

（二）利用抗盐牧草改良盐碱土

我国抗盐碱牧草品种 140 多种，可以大面积种植的禾本科牧草有 14 种、豆科牧草有 6 种。牧草改良盐碱土不仅可以改土肥田，促进农业可持续发展，还能够为禁牧提供饲草、建立盐碱地绿洲改善生态环境。以下是一些常见的抗盐牧草及其在盐碱土改良中的应用。

1. 朝牧一号稗子

这是一种优质抗旱、耐盐碱的牧草，可以在盐碱环境下生长，通过吸收土壤中的盐分来改善土壤质量。同时，它还可以增加土壤中的有机质含量，改善土壤结构，降低土壤盐害。

2. 紫花苜蓿

紫花苜蓿是一种多年生草本植物，具有很强的抗逆性，抗旱能力很强，但抗寒性较弱。它含有丰富的营养成分，每年都可以收获多次。在盐碱土中种植紫花苜蓿可以改善土壤环境，增加土壤有机质含量，提高土壤肥力，促进土壤水盐平衡。

在实际应用中，选择适合的抗盐牧草是改良盐碱土的关键。需要根据不同地区盐碱土的性质和特点，选择适合的抗盐牧草进行种植。同时，也需要结合其他农业措施，如土地平整、培肥抑盐改土等，综合治理盐碱土问题。此外，利用抗盐牧草改良盐碱土不仅可以提高土地的生产力，促进农牧业可持续发展，而且还可以保护生态环境，实现生态与经济的协调发展。

（三）利用耐盐碱灌木改良盐碱土

耐盐碱灌木如沙枣、胡杨等具有耐盐碱、耐旱、耐涝等特点，可以在盐碱土地区生长并帮助改良土壤。这些灌木可以通过吸收土壤中的盐分、增加土壤有机质含量、改善土壤结构等方式，降低土壤的盐碱含量，提高土壤质量。

耐盐碱灌木可以用来建立防护林网，降低地下水位，减少裸地蒸发，从而改良盐碱土。防护林网可以形成微气候，减少地表水分蒸发，防止风沙侵蚀，改善土壤的水分和养分状况。

（四）抗盐农作物改良盐碱地

世界各国在采用抗盐牧草等改良盐碱土的同时，还通过杂交育种、基因工程等生物技术手段选育与开发利用了大量的抗盐农作物品种。这些抗盐农作物品种在盐碱土壤上表现出良好的生长和适应性，可以在一定程度上降低土壤的盐碱含量，提高土壤质量。

例如，中国科学家通过杂交育种技术选育出的耐盐碱水稻品种"海水稻"，能够在较高盐度的土壤中生长并正常产稻米。此外，其他国家也积极开展耐盐碱农作物品种的选育和改良工作，培育出了多种耐盐碱的作物品种，如耐盐碱棉花、耐盐碱油菜、耐盐碱甜菜等。

基因工程方法也被广泛应用于耐盐碱作物品种的选育和改良。通过改变作物的基因组，增加其耐盐碱能力，进一步提高作物的产量和品质。例如，印度科学家利用基因工程技术培育出的耐盐碱转基因棉花品种，具有更高的耐盐碱能力和产量。

这些抗盐农作物的选育和改良，不仅有助于提高盐碱土壤的利用率，改善土壤质量，还有助于增加农作物的产量和多样性，促进农业可持续发展。

四、化学改良盐碱土技术

化学改良盐碱土的方法主要是通过施用一些酸性盐类物质来改良盐碱地的性质，降低土壤的酸碱度和含盐量，增强土壤中微生物和酶的活性，促进植物根系生长。

（一） 盐碱土改良剂的主要作用机理

盐碱土改良剂的主要作用机理包括以下几个方面。

1. 含钙物质

石膏、磷石膏、石灰等含钙物质是常见的盐碱土改良剂之一。它们通过与土壤中的 Na^+ 进行交换，降低土壤的盐碱性。这种交换作用可以降低土壤溶液中的 Na^+ 浓度，从而减轻盐碱对植物生长的抑制作用。

2. 酸性物质

硫酸及其酸性盐类、磷酸及其酸性盐类等酸性物质也是盐碱土改良剂之一。它们通过中和土壤中的碱性物质，降低土壤的 pH 值，从而改善土壤的理化性质，减少盐分对植物生长的损害。

3. 有机类改良剂

有机类改良剂包括传统的腐殖质类（草炭、风化煤、绿肥、有机物料）、工业合成改良剂（如施地佳、聚马来酸酐和聚丙烯酸）和工农业废弃物等。这些有机类改良剂可以增加土壤的有机质含量，改善土壤的结构和物理性质，提高土壤的保水能力和通气性，从而促进植物的生长和发育。

在实际应用中，可以根据不同地区盐碱土的特点和需求，选择适合的盐碱土改良剂进行改良。同时，也需要结合其他农业措施，如土地平整、培肥抑盐改土等，综合治理盐碱土问题。

（二） 土壤改良剂的施用方法

1. 施用量

一般以占干土重的百分率表示。若施用量过小、团粒形成量少，作用不大；施用量过大，则成本高，投资大，有时还会发生混凝土化现象。根据土壤和土壤改良剂性质选择适当的用量是非常重要的，聚电解质聚合物改良剂能有效地改良土壤物理性状，最低用量为 10 毫克/千克，适宜用量为 100~2 000 毫克/千克。

2. 施用方法

固态改良剂施入土壤后虽可吸水膨胀，但很难溶解进入土壤溶液，未进入土壤溶液的膨胀性改良剂几乎无改土效果。因此，以前使用较多的为水溶性土壤改良剂，并多采用喷施、灌施的技术方法。但对于大片沙漠和荒漠的绿化和改良，由于受水分等条件的限制，喷、灌施的技术则难以适用。

3. 施用时土壤湿度

以往普遍认为，适宜的湿度为田间最大持水量的 70% ~ 80%，最近，由于施用方法从固态施用到液态施用的改进，施用时对土壤湿度的要求与以前不同。研究证明，施用前要求把土壤耙细晒干，且土壤越干、越细，施用效果越好。

4. 两种或两种以上改良剂混合使用

低用量的高分子絮凝剂（PAM）和多聚糖混合使用，改良土壤的效果明显提高，两种土壤改良剂混合，具有明显的正交互作用。

5. 土壤改良剂同有机肥、化肥配合使用

增加土壤有机质能起到改良土壤物理性状、提高土壤养分含量的双重作用。

（三）土壤改良剂的注意事项

对于恶化的土壤，在治理时要采取短期加长期的措施，就短期恶化土壤改善而言，使用改良剂的效果是最快的。当前已经有许多土壤改良剂产品，然而农民在使用的时候，针对性往往不足，使用比较盲目。有时将恶化土壤的某项指标纠正到适宜以后却依然使用，结果出现了矫枉过正的局面。因此，在使用土壤改良剂时要有针对性地施用。

1. 确定土壤已经出现了恶化的情况下才使用

在蔬菜等作物种植过程中，生长出现问题并不一定代表土壤已经恶化。确定土壤是否恶化必须通过正规的检测部门对土壤进行检测。当检测结果为不适宜蔬菜等作物生长的时候，就应该使用相应的土壤改良剂进行适当的调理，将土壤各项指标恢复到正常的范围内。而当土壤已经明确表现出红白霜、板结的情况时，说明土壤恶化的问题已经很严重了，此时应立即使用土壤改良剂进行调整，如使用土壤疏松产品、排盐调剂产品等。

2. 不能长期依赖使用，避免调节过度

土壤改良剂的主要作用是改良土壤的偏酸、偏碱、盐渍化及板结状态，因此不能长期使用，否则会导致过度矫正而不利于作物生长。因此，土壤改良剂应根据不同的恶化情况使用不同的数量及次数。而对于市场上的一些以改良剂为主，添加了其他养分（如有益菌、海藻精、腐植酸等）的肥料可适当延长使用次数。尤其是以有益菌为主的产品，要配合有机肥料长期使用，才能够达到矫正并且保持的良好效果。

3. 正确使用土壤改良剂产品可快速改良恶化土壤

以土壤疏松及免深耕改良剂为例。它需要根据不同的土质类型来掌握正确的用量。对于土块板结、黏性大、水肥分布不均、耕作层较浅的土壤，每年使用 2 次，以后逐年减少用量直至不施。在使用时一定要正确掌握用量，用量过低难以达到改良效果；用量过高或施用次数过多，则会造成浪费。水是土壤免耕剂的生物活性载体，如果土壤里没有充分湿润的水分，免耕剂的生物活性就不能激活。因此，使用土壤疏松及免深耕改良剂以后要保持土壤有一定的湿度。

第三章　设施土壤改良

第一节　设施土壤酸化改良

一、设施土壤酸化现状

土壤酸化是指土壤的 pH 值明显低于 7、土壤呈酸性的现象。目前，设施土壤酸化现象严重，全国各地均有报道。例如，寿光设施蔬菜栽培土壤 pH 值平均为 6.86，而露天菜地与自然土 pH 值分别为 7.86、7.68，设施栽培后土壤的 pH 值明显低于露天菜地和自然土。在辽宁沈阳，设施菜地土壤酸化趋势明显，设施蔬菜栽培 6 年后，土壤 pH 值从 6.5 降低至 5.5 以下，超过了蔬菜出现生理障碍的临界土壤 pH 值（5.52）。菜地土壤酸化已成为限制当地保护地生产可持续发展的重要因素。

二、设施土壤酸化的危害

土壤自然酸化过程相对是缓慢的，人为活动加速了土壤酸化。

土壤酸化滋生真菌，根际病害增加，且控制困难，尤其是十字花科的根肿病和茄果类蔬菜的青枯病、黄萎病增多。土壤酸化土壤结构被破坏，土壤板结，物理性变差，抗逆能力下降，蔬菜瓜果抵御旱、涝自然灾害的能力减弱。在酸性条件下，铝、锰的溶解度增大，有效性提高，对蔬菜产生毒害作用。土壤酸化土壤中的氢离子增多，对蔬菜吸收其他阳离子产生拮抗作用，影响营养元素的有效吸收。土壤 pH 值的高低直接影响各种养分的固定、释放与淋失。设施蔬菜要求土壤酸碱度适中，pH 值以 6 ~ 6.8 为宜。当 pH 值<5 时，活性铁、铝多，磷酸根易与铁、铝结合形成不溶性沉淀，造成磷素的固定。

三、设施土壤酸化的改良方法

土壤酸化的改良要从改善土壤理化性状、合理施肥和施用土壤改良剂等方面入手。

（一）增施有机物料，提高缓冲能力

通过作物秸秆还田或施用腐熟的有机肥，首先，可增加土壤保水保肥能力，减少钙镁等盐基阳离子的淋溶损失，减缓土壤酸化进程；其次，有机物料中有机官能团可吸附 H^+ 和 Al^{3+}，从而降低土壤溶液中 H^+ 和 Al^{3+} 的浓度及其对作物根系的毒害效应；最后，有机物料矿化引起的有机阴离子脱羧基化和碱性物质释放，使土壤 pH 值上升。据研究，大豆叶、玉米叶和小麦秸秆还田后，短期内可使土壤 pH 值分别提高 3.65 个、2.31 个和 1.11 个单位。

（二）合理施肥，减少致酸因素

要延缓或防止土壤酸化就要合理施肥，控制施用数量，优化施用配比，制订合理的施肥方案。以氮肥为例，目前设施栽培中，每年氮肥的投入在 3 000 千克/公顷以上，但一年两季种植模式下，每年作物吸收的氮素为 500~800 千克/公顷，按养分平衡原理，每年施入土壤的氮素以 850 千克/公顷为宜。大多数蔬菜对氮、磷、钾的吸收比例为 1：0.5：1.2，所以提倡使用高氮、中磷、高钾复合肥品种，应特别注意增加钾的投入量，减少使用氮、磷、钾比例相同的复合肥，配施硼、锌、钼等长效微量元素肥料。

（三）施用碱性土壤改良剂，降低土壤酸度

对已发生酸化的土壤应采取淹水洗酸法或撒施生石灰中和的方法提高土壤的 pH 值，并且不得再施用生理酸性肥料。pH 值为 5.0~5.5 的地块，每亩*施生石灰 130 千克左右；pH 值为 5.5~6.0 的地块，每亩施生石灰 65 千克左右；pH 值为 6.0~6.4 的地块，每亩施生石灰 30 千克左右。石灰氮（氰氨化钙）也是理想的土壤改良剂，试验表明，施用氰氨化钙可使土壤 pH 值由 5.6 提高到 7.5 左右，改良酸化土壤效果明显，并为作物提供长效氮肥，减弱硝酸盐在土壤及植物中累积。

第二节　设施土壤盐渍化改良

一、设施土壤次生盐渍化现状

土壤盐渍化是指土壤溶液中可溶性盐浓度明显过高的现象。目前，设施土壤次生盐渍化现象严重，调查发现，温室、大棚栽培条件下，土壤表面常有大面积白色盐霜出现，有的甚至出现块状紫红色胶状物——紫球藻，紫球藻着生的土壤表层含盐量一般在 1% 以上。次生盐渍化导致土壤盐化板结，作物长势差，甚至绝产。随着设施栽培年限的增加，土壤次生盐渍化现象日益加重，影响了蔬菜的产量和品质，阻碍了蔬菜生产的可持续发展。

二、设施土壤次生盐渍化的危害

（一）影响蔬菜对水分和养分的吸收

次生盐渍化通常表现是生理干旱，尤其是在高温强光照情况下，生理干旱现象表现得更为严重。这是因为次生盐渍化土壤中

---

*　1 亩 ≈ 667 米^2，1 公顷 = 15 亩。

可溶性盐类过多，渗透势增高而使土壤水势降低，引起植物根细胞吸水困难或者脱水。蔬菜发生生理干旱后易引起生长发育不良、植株抗病性下降、病虫害加重等后果，严重影响蔬菜的产量和品质。作物所需的养分一般都是伴随水分进入植物体内的，盐分过多，影响作物吸收水分，因此也影响作物对养分的吸收。

（二）导致蔬菜硝酸盐累积，降低品质

土壤 NO_3^- 过量累积，使蔬菜体内硝酸盐积累，品质变劣，降低蔬菜的市场竞争力；人体摄入的硝酸盐在细菌作用下可还原成亚硝酸盐，亚硝酸盐可与人和动物摄取的胺类物质在胃腔中形成强力致癌物——亚硝胺，从而诱发消化系统癌变，危害人类自身的健康。

（三）抑制微生物活性

土壤中的盐分抑制土壤微生物的活动，影响土壤养分的有效化过程，从而间接影响土壤养分供应。随着土壤含盐量的增加，首先抑制土壤微生物活动，降低土壤中硝化细菌、磷细菌和磷酸还原酶的活性，从而使氮的氨化和硝化作用受抑制，土壤有效磷含量减少，硫酸铵和尿素中氨的挥发随之增加。如氯化物盐类能显著地抑制氨化作用，当土壤中 NaCl 达到 2 克/千克时，氨化作用大为降低，达到 10 克/千克时氨化作用几乎完全被抑制，而硝化细菌对盐类的危害更加敏感。

（四）污染环境，威胁生态健康

土壤发生次生盐渍化，会对周围生态环境造成不良影响。土壤中的部分盐分离子，在大水漫灌条件下会被淋溶到深层土壤或地下水中，对地下水造成污染。在长期设施栽培条件下，氮素淋溶可导致地下水硝态氮污染。另外，过量的硝态氮还造成氮氧化物等温室气体的大量释放，使温室内有害气体聚集量增加，对蔬菜生长产生直接危害。土壤磷的过量累积对环境也会带来潜在的威胁，一方面，在质地较粗的土壤中可以发生磷的淋失；另一方面，土壤侵蚀和地表径流会将表土中的磷带入水体，引起富营养化。

三、设施土壤盐渍症状识别

盐渍化会使设施作物根部吸水困难，给其生长发育造成障碍。特别是种植5年以上的棚室土壤。

苗期：表现为种子播种后发芽受阻、出苗缓慢、出苗率低，或出苗后逐渐死亡。

植株：生长缓慢、茎细、矮小，甚至生长停滞。植株中午凋萎，早晚可恢复，受害严重时茎叶枯死。还可造成植株缺乏某种营养元素（如钙）。

根系：生长受抑制，根尖及新根呈褐色，严重时整个根系发黑腐烂、失去活力。

叶片：叶色呈深绿或暗绿色、有闪光感，严重时叶色变褐，或叶缘有波浪状枯黄色斑痕、下位叶片反卷或下垂，或叶片卷曲缺绿，叶尖枯黄卷曲。

土壤：冬季或早春地表干燥时，在突出地表的土块表面还会出现一层白色盐类物质，湿度大时发绿、湿润时呈紫红色，特别是棚室滴水的地方更明显。

当土壤全盐量<0.1%时，对作物生长影响较小；当土壤全盐量为0.1%～0.3%时，番茄、黄瓜、茄子、辣椒生长受阻，且产品商品性差；当土壤全盐量>0.3%时，绝大多数蔬菜不能正常生长。

四、设施土壤盐渍化的改良方法

（一）深翻改土

蔬菜收获后，深耕土壤，把富含盐类的表层土，翻到下层，把相对含盐较少的下层土壤翻到上层来。一般翻耕深度应该在

20厘米以上。结合深翻，在土壤中掺入适量的沙子，改善土壤质地，可改善土壤透气性，促使盐分下渗到土壤深层。沙子的施用量应根据具体情况而定，通常应按照每亩施用100~200千克。在盐渍化严重，严重影响作物产量时，可采取换土的措施。铲除棚室地面2~3厘米的表层土，换上农田土壤。

（二）增施有机物料

增施有机物料以提高土壤的有机质含量，使土壤疏松，促使盐分下降。有机物料中以纤维素含量多的有机肥效果更为明显。据研究，加入秸秆后，土壤中可溶性盐分显著下降，脱盐率随秸秆用量的增加而升高，其中引发次生盐渍化的 NO_3^- 离子降幅最大。应当注意，新鲜的人粪尿、畜禽粪便等施用后容易导致铵态氮的挥发和作物烧苗，因此有机肥料要经过充分腐熟后再施用。并且根据土壤养分含量状况、农作物产量要求以及需肥规律，推广配方施肥，合理施氮、磷、钾及微量元素肥料，既可协调土壤养分平衡，又可减缓土壤盐渍化。

（三）漫灌洗盐

如果当地雨水较多，盐渍化出现后还可以利用掀膜淋雨的方法进行防治。即利用换茬空隙，揭去薄膜，通过日晒雨淋，进行冲淋洗盐。如果当地雨水少，可以选择灌水洗盐的方法治理土壤次生盐渍化。选择在每年6—8月的高温季节，利用温室的换茬空隙，对土壤盐渍化温室进行大水漫灌，灌溉量一般都在50米³/亩以上。

（四）轮作换茬

根据不同蔬菜品种对盐分吸收和耐受的不同，合理进行轮作换茬，以利于设施中土壤盐分的平衡。日光温室休闲期间种植填闲作物对于减少土壤盐分累积有显著效果。据研究，温室夏季休闲期间（7月、8月）种植玉米，可吸收氮素134~226千克/公顷，大大降低由硝态氮引发的次生盐渍化。

（五）采用滴灌施肥、叶面施肥等施肥技术

采用滴灌技术，降低灌水施肥量，既可保持土壤疏松，又可减缓土壤中盐分积聚和盐渍化的进程。滴灌设备应距离植株5厘米左右比较合适，通常每行作物铺一条滴灌管为好。滴头间距应该在30~50厘米。单滴头流量以每小时1~2升，每次灌水20~30毫米为宜。另外，叶面喷施尿素、过磷酸钙、磷酸二氢钾以及一些微量元素等叶面肥，用量少，见效快，不易使土壤盐渍化，应大力提倡。

第三节　设施土壤板结改良

一、设施土壤板结的发生原因

土壤板结是指土壤表层在灌水或降雨等外因作用下结构破坏、土粒分散，而干燥后受内聚力作用土体紧实的现象。土壤板结使土面变硬，透气性差，渗水慢，氧气不足，是蔬菜栽培中常见的一种土壤障碍，对蔬菜正常生长极为不利。

（一）新建温室取土筑墙，机械碾压导致板结

新建温室由于建造中取土筑墙，富含有机质的表土被取走，留下耕作的土壤为原来的生土层，又经过推土机等机械碾压，致使土壤结构被破坏，理化性状变差，养分含量低引起板结。

（二）施肥不合理，土壤性状变差导致板结

不合理地使用化学肥料，导致土壤养分失衡，特别是过量施用铵态氮类肥料和钾肥，引起土壤块状结构、团粒结构的破坏，最后形成土壤板结。土壤团粒结构是带负电的土壤黏粒及有机质通过带正电的多价阳离子连接而成的。土壤中以 Ca^{2+}、Mg^{2+} 为主，过量施入磷肥时，磷肥中的磷酸根离子与钙、镁等阳离子结合形成难溶性磷酸盐，既浪费磷肥，又破坏了土壤团粒

结构，导致土壤板结。优质农家肥投入不足，秸秆还田量少，长期单一偏施化肥，腐殖质不能得到及时补充，造成有机肥不足而板结。

（三）大水漫灌导致土壤板结

采用大水漫灌，不仅浪费水资源，而且会由于温室栽培条件下温度高，水分短时间内蒸发，造成土壤表层板结。另外，大水漫灌会破坏栽培环境因子的平衡，影响根系正常生长，导致土壤养分流失，使土壤性状变差，从而引发土壤板结。

（四）耕作过浅

设施栽培条件下，由于空间的限制，土壤的耕作只能利用小型旋耕机进行，旋耕深度较浅，仅有10厘米左右，连续多年多季旋耕作业之后，加之相关农艺技术不配套，使耕地形成坚硬的犁底层，导致耕作层越来越浅，最终形成严重的土壤板结。

二、设施土壤板结的改良方法

（一）合理施肥

腐殖质是形成团粒结构的主要成分，而腐殖质主要依靠土壤微生物分解有机质产生。因此，提高团粒结构的数量需向土壤补充足量的有机质，使用底肥时应加大优质有机肥的用量，如粉碎的秸秆、玉米芯、花生壳等。禽畜粪肥中牛羊粪有机质含量高，是改良土壤板结的首选，而鸡鸭猪粪其含水量大，氮磷含量较高，不宜过多使用。一般在作物定植前20～30天，每亩施用1000千克秸秆，灌足水，铺上地膜，并盖严棚膜闷棚，可明显提高土壤的总孔隙度，使耕层容重下降，土壤疏松，水稳性团粒含量明显增加，有利于调节大棚土壤耕层的水肥气热，促进植株生长。增施生物菌肥还可快速补充土壤中的有益菌，恢复团粒结构，消除土壤板结，促进蔬菜根系健壮生长。化学肥料施用要立足于土壤测试，因土配方，合理补充。因此，应及时对棚室土壤进行检测，准确了解土壤养分含量之后适量补充大量元素。对于板结的土壤，底肥应以有机肥为主，化学肥料少施或不施用，中后期追肥以吸收效率高的水溶肥为主。

（二）科学灌水

采用大水漫灌往往使栽培环境恶化，导致病虫害加重。日光温室栽培宜采用膜下滴灌或微喷灌模式，此法不仅省水省工，减少了土壤养分流失，防止板结，而且可以结合灌水进行用药和施肥，利于田间操作。

（三）适度深耕

设施栽培受空间的限制，大型机械无法进入，耕翻最好人工进行，深度40厘米左右，不但可翻匀肥料，防止烧苗，还可避免土壤犁底层的形成，利于作物根系生长。

（四）用养结合

通过合理的作物布局和轮作倒茬，把养分需求特点不同的作物合理搭配，能改良土壤，培肥地力，达到用养结合、提高土壤质量的目的。

（五）施用土壤改良剂

腐植酸土壤改良剂含有各种营养元素，可促进微生物的生长繁殖，可提高土壤渗透性，增加土壤的保水、保肥能力，减少土壤水分蒸发，增加土壤的阳离子交换能力，有利于植物对铁、镁、锌、铜的吸收，能够改善土壤的物理、化学和微生物性状，增加土壤肥力，在治理土壤板结、盐碱化等问题上效果突出。

第四节 设施土壤连作障碍

一、设施土壤连作障碍的原因

（一）土壤有害微生物的积累

因为设施土壤一年四季均具有病原菌生长繁殖的适宜温度，使得土壤中病原菌数量不断增加，同时设施栽培中化肥的过多使用也导致土壤中病原拮抗菌的减少，更加助长了病原菌的繁殖。

（二）土壤理化性状变劣

连作土壤种植作物种类单一，而作物对营养和肥料的吸收具有选择性，因此多年连作以后势必造成土壤中养分的比例失调，尤其是一些微量元素缺乏。设施栽培中普遍存在超量施肥和不平衡施肥现象，也容易造成土壤养分失衡，破坏土壤的物理结构，带来酸化、板结、次生盐渍化等一系列问题。

（三）蔬菜的自毒作用

一些植物可通过地上部淋溶、根系分泌物和植物残茬腐解等途径来释放一些物质对同茬或下茬同种或同科植物生长产生抑制作用。

二、设施土壤连作障碍的危害

（一）土壤板结

连作会导致土壤孔隙度降低、容重增加、土壤板结，使土壤的通透性降低，影响植物根系生长和水分吸收。

（二）土壤养分失衡

设施耕层中的土壤养分分布不均衡，某些元素如有效钙、镁、硅、硼等出现亏缺，而一些元素如速效磷、全氮、铜、铁和锰等含量增加，导致作物体内各种养分比例失调，出现生理和功能障碍。

（三） 土壤盐分积累

设施内土壤长期得不到雨水淋洗，加上化肥的大量施用，导致土壤表层盐分大量聚集，土壤次生盐渍化加重。

（四） 病虫害增加

连作易造成土壤病原菌增加，使作物病虫害问题加剧。例如，十字花科的软腐病、茄果类和瓜类的猝倒病和立枯病等病害在连作条件下可能加重。

（五） 作物生长受阻

连作条件下，作物生长缓慢、产量品质下降。例如，连作番茄的株高和茎粗比连作一茬的明显降低，产量也降低了 15%。

三、设施土壤连作障碍的改良方法

（一） 合理轮作换茬

这是防治连作障碍最简单有效的措施。不同的作物轮换种植可以减少病原菌的积累，减轻连作障碍的发生。例如，火葱的前茬作物以豆类、瓜类作物最佳，要避免与葱蒜类作物轮作。其中水旱轮作是目前效果最好的栽培模式，该模式对于改善土壤理化性状，提高地力，消除土壤中有毒物质，促进有益微生物活动具有积极效果。

（二） 土壤消毒

可以采用高温闷棚消毒处理。完全清除植株后，每亩均匀撒施生石灰等消毒药剂，然后深翻土壤至少 30 厘米，灌水使病原菌芽孢和线虫游离出来，最后密闭棚室。这种方法对根部病害、根结线虫的防效可达 80% 以上，还可显著减轻嫁接口细菌性腐烂病的发生。

（三）增施有机肥

有机肥具有疏松土壤、改善微生物生活条件、培肥地力、协调土壤养分供给、保障作物健壮生长的作用，因此增施有机肥是防止土壤连作障碍的有效措施。常见的有机物料施用修复连作土壤的措施包括腐熟秸秆、沼液沼渣、腐熟堆肥等。

（四）配施生物菌剂

微生物肥料是通过人工培养对植物有益的微生物而研制的微生物制品。微生物肥料中富含大量的有益菌，土壤接种有益菌后，可有效抑制某些病原菌的生长，改善土壤生态环境，提高土壤自身的降解能力，防止病害的传播与自毒作用的发生。

第四章 化学肥料鉴别与施用

第一节 氮素化肥

氮在作物生长发育过程中是一个最活跃的元素，在体内的移动性大且再利用率高，并在体内随着作物生长中心的更替而转移。因此，作物对氮素营养的丰缺状况极为敏感，氮的营养失调对作物的生长发育、产量与品质有着深刻的影响。

一、氮肥的主要品种

（一）尿素

尿素是人工合成的第一个有机物，但它广泛存在于自然界中，如新鲜人粪中含尿素 0.4%。尿素肥料的有效成分分子式为 $CO(NH_2)_2$，化学上又称为脲。

尿素肥料的含氮率为 45%~46%，普通尿素为白色结晶，呈针状或棱柱状晶体，吸湿性强，目前生产的尿素肥料多为颗粒状，并加以防湿剂制成一种半透明颗粒。在气温为 20℃ 以下时，吸湿性较弱。随着气温升高，其吸湿性明显增强。尿素 20℃ 时临界吸湿点为相对湿度的 80%，但至 30℃ 时，临界吸湿点降至 72.5%，因此，要避免在盛夏潮湿气候下敞开存放。此外，尿素与其他肥料混合时会明显降低吸湿点。30℃ 时与硫酸铵混合，可降至相对湿度的 56.4%，与氯化钾混合可降至 60.3%，与硝酸铵混合可降至 18.1%，尿素肥料与其他肥料掺混时应特别注意这一问题。

尿素易溶于水，20℃时的溶解度为 105 克/100 克水，比硫酸铵高出一倍。尿素为中性有机分子，在水解转化前不带电荷，不易被土粒吸附，故容易随水移动和流失。

尿素一经施入土壤，在脲酶催化作用下即开始水解。脲酶由多种土壤微生物分泌，也广泛存在于多种植物体内。脲酶数量及其活性常与土壤有机质含量高低有密切关系。表土中脲酶比心土和底土中多。

尿素水解速度与土壤酸度、温度、湿度以及土壤类型、熟化程度及施肥方式等有关。湿度适宜时，气温越高，水解速率越大。一般来说，当气温为 10℃左右时，全部水解需 1~2 周，20℃时 4~5 天，30℃时 1~3 天。

作物根系可以直接吸收尿素分子，但数量不大。施入土壤的尿素主要以水解后形成的铵和硝化后的硝态氮形态被吸收。因而，尿素施入土壤后表现出的许多农化性质与碳酸氢铵相类似。

尿素水解后由于生成了氨气，氨挥发损失成为氮素损失的重要途径。国内外的研究结果表明，若将尿素撒施于水田表面，由于水解后产生氨，稻田水层的 pH 值明显上升（有时可达到 9.0以上），加上水层中藻类快速生长大量利用二氧化碳，使水中的氢氧根难以与二氧化碳结合，氨挥发可能会进一步加剧。因此，尿素即便是用于酸性土壤水田，同样也存在着氨挥发问题。尿素用于水田后的氨挥发损失可占施入氮量的百分之几至 50%，大都在 10%~30%，占水田氮损失总量的 50%~80%。尿素用于旱地的氨挥发损失主要发生于 pH 值>7.5 的石灰性或碱性土壤上，损失量可占施入氮量的 12%~60%。

尿素可用作基肥和追肥。因其供应养分快、养分含量高、物理性状好，尤其适合于作追肥施用，有条件时，追肥同样要强调深施，至少要保证能以水带肥，以减少肥料损失数量。

尿素以中性反应的分子态溶于水，水溶液离子强度较小，直接接触作物茎叶不易发生危害；尿素分子体积小，易透过细胞膜进入细胞，有利于作物吸收、运输；尿素进入叶内，引起细胞质壁分离的情况很少，即使发生，也容易恢复。由于尿素的这些特点，使其作为根外追肥特别合适。尿素作根外追肥时的浓度一般为 0.5%~2.0%，因不同作物而异。

根外追施尿素肥料宜在早晨或傍晚，喷施液量取决于植株大小、叶片状况等。一般隔 7~10 天喷 1 次，共喷 2~3 次。作根外追施的尿素肥料的缩二脲含量一般不得超过 0.5%，尤其是幼苗期作物对其较敏感，受缩二脲危害的叶片叶绿素合成障碍，叶片上出现失绿、黄化甚至白化的斑块或条纹。

（二）铵态氮肥

1. 碳酸氢铵

碳酸氢铵简称碳铵，其主要成分的分子式为 NH_4HCO_3，含氮 17%左右。碳铵是一种无色或白色化合物，呈粒状、板状、粉状或柱状细结晶，相对密度 1.57，容重 0.75，易溶于水，0℃时的溶解度为 11%，20℃时为 21%，40℃时为 35%。

碳铵是酸式碳酸盐。由于碳酸是一种极弱的酸，常温下氨是活泼的气体分子。二者结合生成的碳铵分子极不稳定，即使在常温（20℃）条件下，也很易分解为氨、二氧化碳和水。

碳铵分解的过程是一个损失氮素和加速潮解的过程，是造成贮藏期间碳铵结块和施用后可能灼伤作物的基本原因。影响碳铵分解的因素主要是温度和肥料本身的含水量。随着温度的升高，由碳铵分解的 3 个组分，将迅速提高其蒸气分压，10℃时的碳铵蒸气分压仅为 0.171 千帕，占正常大气压 101 千帕的 0.17%，此时碳铵分解很慢。20℃时，碳铵蒸气分压上升到 0.597 千帕，虽比 10℃时增加近 3.5 倍，但碳铵分解仍较慢，30℃时，碳铵蒸气分压达到 10℃ 时的 11.3 倍。碳铵开始大量分解。随着温度的进一步提高，碳铵蒸气分压迅速增加，碳铵剧烈分解。

由于碳铵生产过程中不能用常法加热干燥，故碳铵产品常含有吸湿水约 3.5%，高的可达 5.0%。较高的水分含量导致碳铵潮解、结块，敞开时加速其挥发。一般来说，碳铵水分含量 <0.5% 称干燥碳铵，常温下不易分解；含水量 <2.5% 时分解较慢；若含水量 >3.5%，分解明显加快。农用碳铵的含水量一般控制在 3.5% 以下。

虽然碳铵的化学性质不稳定，但其农化性质较好。碳铵是无酸根残留的氮肥，其分解产物氨、水、二氧化碳都是作物生长所需要的，不产生有害的中间产物和终产物，长期施用不影响土质，是较安全的氮肥品种之一。

碳铵施入土壤后很快电离成 NH_4^+ 和 HCO_3^-，NH_4^+ 很容易被土粒吸附，不易随水移动。因此，只要碳铵能较完全地接触土壤，被土粒充分吸附，则施用后的挥发并不比其他氮肥明显的高。有些条件下，如在石灰性土壤上，深施后还可能比其他氮肥具有更好的作用效果。

碳铵的合理施用原则和方法一直在不断发展。施用时应注意掌握不离土、不离水的施肥原则。把碳铵深施覆土，使其不离开土壤，这样有利于土粒对肥料铵的吸附保持，持久不断地对作物供肥。深施的方法包括作基肥铺底深施、全层深施、分层深施，也可作追肥沟施和穴施。其中，结合耕耙作业将碳铵作基肥深施，较方便而省工，肥效较高而稳定，推广应用面积最大。

2. 硫酸铵

硫酸铵肥料主要成分的分子式为 $(NH_4)_2SO_4$，简称硫铵，俗称肥田粉。

硫酸铵肥料为白色结晶，若为工业副产品或产品中混有杂质时常呈微黄、青绿、棕红、灰色等杂色，含氮率为 20%～21%。

硫酸铵肥料较为稳定，分解温度高达 280℃。不易吸湿，20℃ 时的临界吸湿点为相对湿度的 81%。易溶于水，0℃ 时溶解度达 70 克/100 克水，肥效较快，且稳定。硫铵在世界氮素化肥发展初期增长很快，应用广泛，在氮肥中所占比例高。我国长期将硫铵作为标准氮肥品种，商业上所谓的"标氮"，即以硫铵的含氮量 20% 作为统计氮肥商品数量的单位。

目前，硫铵在我国氮肥总量中所占比重已很小，多数是炼焦等工业的副产品。我国现行硫铵产品标准的主要内容包括：含氮 20.5% ~ 21.0%、含水分 0.1% ~ 0.5%、含游离酸 < 0.3%。硫酸铵肥料中除含有氮之外，还含硫 25.6% 左右，也是一种重要的硫肥。硫铵与普通过磷酸钙肥料一样，是补充土壤硫素营养的重要物质来源。

硫酸铵肥料施入土壤以后，很快地溶于土壤溶液，并电离成 NH_4^+ 和 SO_4^{2-}。由于作物对营养元素吸收的选择性，吸收 NH_4^+ 的数量多于 SO_4^{2-} 的数量，在土壤中残留较多的 SO_4^{2-}，与 H^+（来自土壤或根表面铵的交换或吸收）结合，使土壤变酸。肥料中离子态养分经植物吸收利用后，其残留部分导致介质酸度提高的肥料称为生理酸性肥料。

硫酸铵肥料中的 SO_4^{2-} 在还原性较强的土壤上可通过生物化学过程还原为硫化氢，硫化氢可侵入作物根细胞，使根变黑，部分乃至全部丧失吸收功能。当土壤中有较多的 Fe^{2+} 存在时，由于 Fe^{2+} 可与硫化氢形成硫化亚铁沉淀，而作为硫化氢的解毒剂。当然，如果在根内输导组织中形成硫化亚铁沉淀则同样会阻碍作物根系的吸收。

除还原性很强的土壤外，硫酸铵适用于在各种土壤和各类作物上施用，可作基肥、追肥、种肥。作基肥时，不论旱地或水田宜结合耕作进行深施，以利保肥和作物吸收利用，在旱地或雨水较少的地区，基肥效果更好。作追肥时，旱地可在作物根系附近开沟条施或穴施，干、湿施均可，施后覆土。硫酸铵较宜作种肥，注意控制用量，以防止对种子萌发或幼苗生长产生不良影响。

3. 氯化铵

氯化铵肥料主要成分的分子式为 NH_4Cl，简称氯铵。氯化铵肥料可以直接由盐酸吸收氨制造，但其主要来源则是作为联碱工业的联产品。氯铵中的 Cl^- 来自食盐，NH_4^+ 来自碳酸氢铵。

氯铵肥料为白色结晶，含杂质时常呈黄色，含氮量为 24%～25%。氯铵临界吸湿点较高，20℃时为相对湿度 79.3%，接近硫铵，但肥料产品中由于混有食盐、游离碳酸氢铵等，有氨味，吸湿性比硫铵稍大，易结块，甚至潮解，生产上有时将其精制并粒状化来降低其吸湿性。氯铵的溶解度比硫铵低，20℃时，100 克水中可溶解 37 克。氯铵肥效迅速，与硫铵一样，也属于生理酸性肥料。作为联碱工业的联产品，其质量标准为：含 NH_4Cl 90%～95%，含 N 24%～25%，含 NaCl 0.6%～1.0%，碳铵等其他杂质<3.0%，水分 1.5%～3.0%。

氯铵施入土壤后，遇水很快电离成铵 NH^4 和 Cl^-，NH_4^+ 被土壤胶体吸附，Cl^- 则与被交换出来的阳离子生成水溶性化合物。在酸性土壤中，Cl^- 与被交换下来的 H^+ 结合生成盐酸，使土壤溶液酸性加强。在中性或石灰性土壤中，氯铵与土壤胶体作用的结果生成氯化钙。氯化钙易溶于水，在雨季及排水良好的地区可被淋洗流失，可能造成土壤胶体品质下降。而在干旱地区或排水不良的盐渍土壤中，氯化钙在土壤溶液中积累，造成溶液盐浓度增高，也不利于作物生长。

氯铵在土壤中的硝化作用比硫铵慢，这是由于氯铵肥料中含有的大量 Cl^- 对硝化作用具有明显的抑制作用，这就使氯铵中的铵态氮的硝化流失减少。氯铵不像硫铵那样在强还原性土壤上会还原生成有害物质，因而施用于水田的效果往往比硫铵更好、更安全。但由于其副成分 Cl^- 比 SO_4^{2-} 具有更高的活性，能与土壤中二价、三价阳离子形成可溶性物质，增加土壤中盐基离子的淋洗或积聚，长期施用或造成土壤板结或造成更强盐渍化。因此，在酸性土壤上施用应适当配施石灰，在盐渍土上应尽可能避免大量施用，氯铵不宜作种肥，以免影响种子发芽及幼苗生长。

此外，诸如马铃薯、亚麻、烟草、甘薯、茶等作物为明显的"忌氯"作物。施用氯铵肥料能降低作物块根、块茎的淀粉含量，影响烟草的燃烧性与气味，降低亚麻、茶叶产品品质等。

（三）硝态氮肥

1. 硝酸铵

硝酸铵肥料简称为硝铵，其有效成分分子式为 NH_4NO_3，硝铵是当前世界上的一个主要氮肥品种。

硝铵肥料含氮率为 33%～35%。目前生产的硝铵主要有两种：一种是结晶的白色细粒，另一种是白色或浅黄色颗粒。细粒状的硝铵吸湿性很强，干燥时，容易结成硬块，空气湿度大的季节会潮解变成液体，湿度变化剧烈和无遮盖贮存时，硝铵体积可以增大，以致使包装破裂，贮存时应注意防潮。颗粒硝铵如表面附有诸如矿质油、石蜡、磷灰土粉等防湿剂，吸湿性较小，可以在纸袋中保存，但也应注意防潮。

硝铵肥料施入土壤后，很快溶解于土壤溶液中，并电离为移动性较小的 NH_4^+ 和移动性很大的 NO_3^-。由于二者均能被作物较好地吸收利用，因此硝铵是一种在土壤中不残留任何成分的氮肥，属于生理中性肥料。由于 NO_3^- 具有较大的移动性，除特殊情况外，一般不将硝铵作基肥和雨季追肥施用。硝酸铵作旱地追肥效果较好。硝酸铵适用于各类土壤和各种作物，但不宜于水田。

硝铵不宜作种肥，因为其吸湿溶解后盐渍危害严重，影响种子发芽及幼苗生长。

　　出于贮运与施用安全的考虑，以及硝态氮的水解及食物污染问题，有些国家明确控制硝态氮肥的施用范围与数量。

　　硝铵的改性是改善其吸湿性和防止燃爆危险的重要途径。最重要的硝铵改性氮肥是硝酸铵钙和硫硝酸铵。硝酸铵钙又名石灰硝铵，其主要成分是 NH_4NO_3、$CaCO_3$，含氮率约 20%，其加工方法是将硝铵与碳酸钙混合共熔而成。硫硝酸铵则由硝铵（74%左右）与硫铵（26%左右）混合共熔而成；或由硝酸、硫酸混合后吸收氨，结晶、干燥成粒而成。

　　2. 硝酸钠

　　硝酸钠又名智利硝石，因盛产于智利而闻名。除天然矿藏外，硝酸钠也可利用硝酸进行加工生产。其有效成分分子式为 $NaNO_3$。

　　硝酸钠含氮量为 15%~16%，商品呈白色或浅色结晶，易溶于水，10℃时溶解度为 96 克/100 克水，20℃临界吸湿点为相对湿度 74.7%，比硝铵稳定。国外长期将硝酸钠施用于烟草、棉花等旱作物上，肥效较好。对一些喜钠作物，如甜菜、菠菜等肥效常高于其他氮肥。

　　3. 硝酸钙

　　硝酸钙常由碳酸钙与硝酸反应生成，也是某些工业流程（如冷冻法生产硝酸磷肥）的副产品。其有效成分分子式为 $Ca(NO_3)_2$。

　　硝酸钙纯品为白色细结晶，肥料级硝酸钙为灰色或淡黄色颗粒，含氮率为 13%~15%。硝酸钙肥料极易吸湿，20℃时临界吸湿点为相对湿度的 54.8%，很容易在空气中潮解自溶，贮运中应注意密封。硝酸钙易溶于水，水溶液呈酸性。硝酸钙在作物吸收过程中表现出较弱的碱性，但由于含有充足的 Ca^{2+} 并不致引起副作用，故适用于多种土壤和作物。含有 19% 的水溶性钙对蔬菜、果树、花生、烟草等作物尤其适宜。

二、氮肥的施用技术

氮肥在作物生产过程中由于对作物产量的调控能力最强，因此使用量最大、使用最频繁。氮肥施入土壤后的转化比较复杂，涉及化学、生物化学等许多过程。不同形态氮素的相互转化造成了肥料氮在土壤中较易发生挥发、逸散、流失，不仅造成经济上的损失，而且还可能污染大气和水体。因此，氮肥的合理高效施用十分重要。

（一）氮肥的合理分配

氮肥的合理分配主要依据土壤条件、作物氮素营养特性及氮肥本身的特性来确定。

1. 土壤条件

土壤酸、碱性是选用氮肥的重要依据。碱性土壤应选用酸性和生理酸性肥料。这样有利于通过施肥改善作物生长的土壤环境，也有利于土壤中多种营养元素对作物有效性的提高。盐碱土上应注意避免施用能大量增加土壤盐分的肥料，以免对作物生长造成不良影响。在低洼、淹水等易出现强还原性的土壤上，不应分配硫酸铵等含硫肥料，以防止硫化氢等有害物质的生成，在水田中也不宜分配硝态氮肥，以防止氮随水流失或反硝化脱氮损失。

2. 作物营养特性

不同作物种类对氮肥的需要数量是大不相同的。一般来说，叶菜类尤其是绿叶菜类、桑、茶、水稻、小麦、高粱、玉米等作物需氮较多，应多分配氮肥。而大豆、花生等豆科作物，由于有根瘤，可以进行共生固氮，只需在生长初期施用少量氮肥。甘薯、马铃薯、甜菜、甘蔗等淀粉和糖类作物一般只在生长初期需要充足的氮素供应，形成适当大小的营养体，以增强光合作用，而在生长发育后期，氮素供应过多则会影响淀粉和糖分的积累，反而降低产量和品质。同种作物的不同品种之间也存在着类似的差异。耐肥品种，一般产量较高，需氮量也较大；耐瘠品种，需氮量较小，产量往往也较低。

（二）氮肥施用量的确定

生产、科研实践证明，随着氮肥施用量的增加，氮肥的利用率和增产效果逐渐下降。在一些经济发达的地区，由于过量施用氮肥而造成的经济损失和环境质量破坏，已达到非常严重的地步，恢复和重建其良好生态系统将要付出极其沉重的代价。从国外在一些地区主要粮食作物上进行的肥料田间试验结果来看，在配合磷、钾等其他元素肥料的基础上，每季作物的施氮量（以氮计）大约在150千克/公顷，当然，具体施氮量应视各地具体情况而定。

（三）提高氮肥利用率

氮素损失直接减少了土壤中作物可利用态氮量，降低氮肥的增产作用。离开土壤中作物根系密集层的氮素以不同形态进入水体或大气，造成环境污染。因此采用各种技术措施减少氮素损失，是农业氮素管理的中心任务之一。为了减少氮素损失，应根据氮素在土壤中的主要理化、生化、农化行为，遵循如下原则。

严格控制氮肥的主要损失途径。除少数渗漏性较强的沙性水田土壤外，一般在水稻生长期间化肥氮的淋洗损失并不多，田面水的径流损失也较易得到控制，减少氨挥发和硝化-反硝化损失应作为重点。针对氨挥发，可采取各种措施降低施肥后田面水的pH值及铵的浓度。为了降低田面水的pH值，可以采用添加杀藻剂的方法，以抑制日间田面水pH值的上升。减少田面水中铵的浓度最有效的措施是深施、分次施、选用缓释肥料，也可以采用无水层混施、"以水带氮"等。除了这些措施外，为了减少田面水氨的挥发，有人尝试在水表面进行覆膜处理。由于铵态氮是氨挥发和硝化–反硝化作用的共同源，因此这两种损失机制之间有一定的内在联系。在采取措施时，应考虑能使氮素的总损失量降至最低。由于铵态氮肥的深施还可以减缓土壤中硝化作用速率，也为减少硝态氮的淋洗损失以及反硝化脱氮损失创造了条件。同样，在旱地上也应将氮肥分次施用，添加硝化抑制剂，采取适宜的水肥综合管理措施等来减少氮素的损失。

提高氮肥利用率的措施，除了平衡施肥、正确推荐氮肥施用量和施肥时期之外，还可以包括两类，一是采用更适宜的田间管理技术，二是在化学氮肥中添加特殊化学物质。

田间水肥综合管理也能起到类似于深施的作用，达到提高氮肥利用率的目的。比较简单而有效的方法是利用施肥后的上水或灌溉将肥料带入土层至一定深度，使土壤表层所残留氮的浓度较低，从而减少氮素损失。

第二节　磷素化肥

磷是植物体内重要化合物的组成成分，并广泛参与各种重要的代谢活动。磷是形成细胞核蛋白、卵磷脂等不可缺少的元素。磷元素能加速细胞分裂，促使根系和地上部加快生长，促进花芽分化，提早成熟，提高果实品质。

一、磷肥的主要品种

（一）普通过磷酸钙

普通过磷酸钙是我国曾经使用量最大的一种水溶性磷肥。过磷酸钙中有效磷含量低，因而包装、贮运等成本较大。过磷酸钙的主要成分是水溶性的磷酸一钙和难溶于水的硫酸钙，两者分别占 30%~50% 和 40%，还有少量的硫酸铁、硫酸铝和游离酸。它是一种含钙、含硫的磷肥，过磷酸钙为深灰色、灰白色或淡黄色等粉状物，因为有残留酸，所以呈酸性反应，具有腐蚀性。

　　过磷酸钙施入土壤后，最主要的反应是异成分溶解。即在施肥以后，水分向施肥点汇集，使磷酸一钙溶解和水解，形成一种磷酸一钙、磷酸和含水磷酸二钙的饱和溶液。这时施肥点周围土壤溶液中磷的浓度可高达 10~20 毫克/千克，使磷酸不断向外扩散。在施肥点，其微域土壤范围内饱和溶液的 pH 值可达 1~1.5。在向外扩散的过程中能把土壤中的铁、铝、钙、镁等溶解出来，与 PO_4^{3-} 作用，形成不同溶解度的磷酸盐。在石灰性土壤中，磷与钙作用，生成磷酸二钙和磷酸八钙，最后大部分形成稳定的羟基磷灰石。在酸性土壤中，磷酸一钙通常与铁、铝作用形成磷酸铁、磷酸铝沉淀，而后进一步水解为盐基性磷酸铁铝。只有在 pH 值 5.5~7.0 时，有效性才相对最高。过磷酸钙在土壤中移动性很小，水平范围 0.5 厘米，纵深不超过 5 厘米，其当年利用率也很低。

　　过磷酸钙容易被土壤固定，施用时尽量减少与土壤的接触面积，如采用穴施、沟施，不宜采用撒施，磷在土壤中移动性很弱，所以肥料应施在根系密集层，才能保证作物对磷的吸收。过磷酸钙适合与有机肥混施，一是可以减少肥料与土壤的接触面积；二是有机质，包括分解产生的有机酸，能络合铁、铝、钙等离子，有机阴离子也可以与磷发生竞争吸附，这些都可以减少磷的固定，从而提高磷的利用率。

　　严重缺磷的土壤，当磷肥用量较多时，可以采用分层施，2/3 作基肥，犁入根系密集层，以满足作物中后期的需要，1/3 施在表层或作种肥，以满足幼苗期对磷的需求。过磷酸钙也可以进行根外追肥，喷施时与一般的化肥不一样，要先浸泡过夜，取上清液喷，喷施浓度因作物种类、生育期、气候条件不同而不同，一般单子叶作物、果树 1% 左右，双子叶作物 0.5%~1%，保护地低于露地，一般为 0.5%。

过磷酸钙也具有一些特有的性质，在某些情况下仍不失为一种有价值的磷肥。①其加工技术简单，适合于中、小型生产，就地销售；②在多数土壤、多数作物上，肥效较好；③除含磷外，还同时含有硫、钙等其他多种营养元素，尤其是世界范围内土壤缺硫趋势正在发展，因而其仍具有一定地位；④可以利用工业副产品硫酸进行生产。

（二）重过磷酸钙

重过磷酸钙是由硫酸处理磷矿粉制得磷酸，再以磷酸和磷矿粉作用后制得的。重过磷酸钙是一种高浓度的磷肥，含 P_2O_5 40%～50%，含有少量游离的磷酸，肥料呈酸性。外观为灰色或灰白色粉料，有吸湿性，受潮后易结块，肥料贮存应注意防潮。

重过磷酸钙（重钙），成分 $Ca(H_2PO_4)_2$，能溶于水，肥效比过磷酸钙（普钙）高，最好跟农家肥料混合施用，但不能与碱性物质混用。

小粒状固体，微酸性，外观呈灰色或暗褐色，适宜长途运输和贮存。易溶于盐酸、硝酸，溶于水中，几乎不溶于乙醇。受潮后易结块。加热失水（100℃）。腐蚀性和吸湿性比过磷酸钙更强。因不含硫酸铁、硫酸铝，不易发生磷酸盐的退化。

重过磷酸钙适用于肥料，用于各种土壤和作物，可作为基肥、追肥和复合（混）肥原料。广泛适用于水稻、小麦、玉米、高粱、棉花、瓜果、蔬菜等各种粮食作物和经济作物。肥效高，适应性强，具有改良碱性土壤作用。主要供给植物磷元素和钙元素等，促进植物发芽、根系生长、植株发育、分枝、结实及成熟。可用作基肥、种肥、根外追肥、叶面喷洒及生产复混肥的原料。既可以单独施用也可与其他养分混合使用，若和氮肥混合使用，具有一定的固氮作用。

（三）钙镁磷肥

钙镁磷肥又称熔融含镁磷肥，是一种含有磷酸根的硅铝酸盐玻璃体，无明确的分子式与分子量。它是磷矿石与含镁、硅的矿石在高炉或电炉中经过高温熔融、水淬、干燥和磨细而成的。钙镁磷肥不仅提供12%~18%的低浓度磷，其中磷能溶于柠檬酸但不溶于水，同时还能提供大量的硅、钙、镁，对南方容易缺钙镁的土壤更加有利。在我国单元磷肥生产中，钙镁磷肥占第二位。过去曾经占有很高的比例，现在和普通过磷酸钙类似，比例大幅下降。在世界范围内，我国是钙镁磷肥最大的生产国，日本也有少量生产。钙镁磷肥含柠檬酸溶性（枸溶性）磷，其主要优点是可以利用中品位磷矿，如全磷（以元素磷计）含量>10.5%，即可用作钙镁磷肥生产，钙镁磷肥中较多的镁、钙、硅等对作物生长均有良好作用。我国磷矿储量较大，又以中低品位矿为多，尤其适合于发展钙镁磷肥生产。

钙镁磷肥不溶于水，无毒，无腐蚀性，不吸湿，不结块，为碱性肥料。它广泛地适用于各种作物和缺磷的酸性土壤，特别适用于南方钙镁淋溶较严重的酸性土壤。最适合作基肥深施。钙镁磷肥施入土壤后，其中磷只能被弱酸溶解，要经过一定的转化过程，才能被作物利用，所以肥效较慢，属缓效肥料。一般要结合深耕，将肥料均匀施入土壤，使它与土层混合，以利于土壤酸对它的溶解，并利于作物对它的吸收，研究证明钙镁磷肥的肥效在酸性土壤上常优于普通过磷酸钙。我国不少地方把钙镁磷肥用于中性或石灰性土壤中，钙镁磷肥在土壤微生物和作物根系分泌的酸、包括碳酸的作用下，可以逐渐溶解而释放出磷酸，但其释放速度较酸性土壤慢，肥效较差，相当于水溶性磷肥的70%~80%，严格地说是不太合适的，如果选用，最好只应用于严重缺磷的土壤。钙镁磷肥呈碱性反应，可改良酸性土，忌与铵（氨）态氮肥直接混合。

（四）钢渣磷肥

钢渣磷肥是利用含磷生铁炼钢时产生的废渣直接加工而成的

副产品。钢铁废渣中以 **CaO**、**SiO₂** 为主，同时含 Fe、Mg、Zn、B、P 等元素，这些成分除个别元素外，均有利于农作物的生长。由于钢渣在冶炼过程中须经高温煅烧，其溶解度已大大改变，所含各元素成分易溶量达全量的 $1/3 \sim 1/2$，有的甚至更高，易被植物吸收。很适宜作肥料。根据钢渣中 P_2O_5 含量不同，钢渣的用途不同。P_2O_5 含量较高（>10%）的钢渣可作磷肥；P_2O_5 含量较低（4%~7%）的钢渣可作土壤改良剂。钢渣磷肥的含磷量在7%~17%。

渣磷肥与钙镁磷肥相似，也是一种多营养成分的化学肥料，也属枸溶性磷肥。在这种磷肥中，P_2O_5 能在 2% 柠檬酸（或柠檬酸铵）溶液中溶解的称为有效 P_2O_5。有效 P_2O_5 与全部 P_2O_5 的百分比称为枸溶率。在全 P_2O_5 一定的情况下，希望枸溶率越高越好。

钢渣磷肥应磨碎到 0.16 毫米以下使用，以利农作物吸收，对小麦、水稻、玉米、高粱、马铃薯、油菜和牧草等多种农作物均有明显的增产效果。施用上可参考钙镁磷肥，但不同的是，钢渣磷肥是强碱性，只适合酸性土壤，在供磷的同时，还具有降低土壤酸性、防止土壤板结等作用。

（五）磷矿粉

磷矿粉肥料由磷矿石直接磨碎而成，是最主要的一种难溶性磷肥。磷矿粉加工简单，可以充分利用我国丰富的中低位磷矿资源就地加工，就近施用，我国磷矿主要集中在云南、贵州、湖南、湖北和四川五省，占我国总磷矿资源的 70% 以上，所以南方施用磷矿粉较多。

磷矿粉大多数呈灰褐色，主要成分是原生矿物氟磷灰石，其次还有羟基磷灰石、氯磷灰石和碳酸磷灰石，其含磷量因产地不同差异很大，高的可达 30% 以上，低的只有 10% 左右。一般呈灰褐色粉状，中性反应，由于各种磷灰石都是难溶的矿物，所以磷矿粉以难溶性磷为主，但含有一定的枸溶性磷，一般含量不高。磷矿来源不同，枸溶性磷含量有区别，公认最好的磷矿粉是来自北非突尼斯的加夫萨磷矿粉，它的枸溶率达到60%以上，所以肥效特别好。我国磷矿粉大多数具有中等以上的枸溶率（10%~20%），枸溶率较低的磷矿一般不宜作磷矿粉直接施用。

磷矿粉的肥效决定于磷粉的活性、土壤性质和作物特点。磷矿粉适宜在酸性土壤上作基肥施用，不宜作追肥。磷矿粉作基肥的施用量应视其有效磷含量而定，一般每亩为50千克左右。宜结合耕翻土地时均匀撒施，然后翻入根层深度。由于磷矿粉有效期长，施后可隔1~2年再施。磷矿粉应尽量先安排在酸性较大和缺磷的土壤中施用。为了扩大磷矿粉的施用范围，在我国已有部分节酸磷肥的生产。节酸磷肥又称部分酸化磷肥，它是只用全部酸化磷肥所需酸量的一部分酸来分解磷矿。其产品中的磷部分水溶性，部分难溶性，植物根系不发达的苗期主要利用其水溶性部分，植物根系发达之后再利用其余部分磷。

二、磷肥的施用技术

（一）作物的需磷特性

作物种类不同，对磷的吸收能力和吸收数量也不同。同一土壤上，凡对磷反应敏感的喜磷作物，如豆科作物、甘蔗、甜菜、油菜、萝卜、荞麦、玉米、番茄、甘薯、马铃薯和果树等，应优先分配磷肥。其中豆科作物、油菜、荞麦和果树，吸磷能力强，可施一些难溶性磷肥。而薯类虽对磷反应敏感，但吸收能力差，以施水溶性磷为好。某些对磷反应较差的作物如冬小麦等，由于冬季土温低，供磷能力差，分蘖阶段又需磷较多，所以也要施磷肥。有轮作制度的地区，施用磷肥时，还应考虑轮作特点。在水旱轮作中应掌握"旱重水轻"的原则，即在同一轮作周期中把磷肥重点施于旱作上；在旱地轮作中，磷肥应优先施于需磷多、吸磷能力强的豆科作物上；轮作中作物对磷具有相似的营养特性时，磷肥应重点分配在越冬作物上。

作物主要吸收磷酸根离子。此外，作物还能吸收有机磷，但数量很少。作物在整个生长期内都可吸收磷，但以生长早期吸收为快。当作物干物质积累到全生育期最大积累量的25%时，磷的吸收就达到其整个生育期总吸收量的50%，甚至80%。因而苗期磷营养效果异常明显，甚至在土壤有效磷含量较高时仍会出现缺磷症状，生产上应强调磷肥及早施用。

以种肥、基肥为主，根外追肥为辅。从作物不同生育期来看，作物磷素营养临界期一般都在早期，如水稻、小麦在3叶期，棉花在2~3叶期，玉米在5叶期，都是作物生长前期，如施足种肥，就可以满足这一时期对磷的需求，否则，磷素营养在磷素营养临界期供应不足，至少减产15%。在作物生长旺期，对磷的需要量很大，但此时根系发达，吸磷能力强，一般可利用基肥中的磷。因此，在条件允许时，1/3作种肥，2/3作基肥，是最适宜的磷肥分配方案。如磷肥不足，则首先作种肥，既可在苗期利用，又可在生长旺期利用。生长后期，作物主要通过体内磷的再分配和再利用来满足后期各器官的需要，因此，多数作物只要在前期能充分满足其磷素营养的需要，在后期对磷的反应就差一些。但有些作物如棉花在结铃开花期、大豆在结荚开花期、甘薯在块根膨大期均需较多的磷，这时就以根外追肥的方式来满足它们的需要，根外追肥的浓度，单子叶植物如水稻和小麦以及果树的喷施浓度为1%~3%。双子叶植物如棉花、油菜、番茄、黄瓜等则以0.5%~1%为宜（以过磷酸钙计算）。

磷肥的当季利用率低，但磷肥的残效比较强，叠加利用率很高，比氮、钾利用率都高。在一个轮作周期中，应该统筹施用磷肥，应尽可能地发挥磷肥后效的作用。如在水旱轮作中，把磷肥重点分配在旱作上，因为淹水条件下，磷的溶解度增加，利用旱作残效更好；在旱旱轮作中，将磷肥重点施在对磷敏感的作物上，如小麦—棉花轮作，重施在棉花上；在连续旱作中，将磷肥重点施在冬季作物上，因为，一是磷的有效性与温度关系密切，低温磷的有效性低，二是磷能够提高作物的抗寒能力，有利于作物越冬。在禾本科—豆科轮作中，磷肥应重点施在豆科作物上，从而增加豆科作物的固氮能力，以磷增氮。

（二）磷肥品种与合理施用

水溶性磷肥适于大多数作物和土壤，但以中性和石灰性土壤更为适宜。一般可作基肥、追肥和种肥集中施用。弱酸溶性磷肥和难溶性磷肥最好分配在酸性土壤上，作基肥施用，施在吸磷能力强的喜磷作物上效果更好。同时弱酸溶性磷肥和难溶性磷肥的粉碎细度也与其肥效密切相关，磷矿粉细度以90%通过100目筛孔，即最大粒径以0.149毫米为宜。钙镁磷肥的粒径在40~100目，其枸溶性磷的含量随粒径变细而增加，超过100目时其枸溶率变化不大。不同土壤对钙镁磷肥的溶解能力不同，不同种类的作物利用枸溶性磷的能力不同，所以对细度要求也不同。在种植旱作物的酸性土壤上施用，不宜小于40目；在中性缺磷土壤以及种植水稻时，不应小于60目；在缺磷的石灰性土壤上，以100目左右为宜。

（三）氮、磷肥配合施用

作物生长需要多种养分，而从我国的农田养分情况来看，缺磷的土壤往往也缺氮，对这类土壤，单施磷肥增产效果并不明显。而氮磷配合使用，对提高作物产量、提高磷利用率是十分必要的。一般在氮、磷供应水平都很高的土壤上，施用磷肥增产不稳定。而在氮、磷供应水平均低的土壤上，只施磷肥增产不明显，只有氮磷配合，才能够明显增产，有利于发挥磷肥的肥效。

氮、磷配合施用，能显著地提高作物产量和磷肥的利用率。在一般不缺钾的情况下，作物对氮和磷的需求有一定的比例。如禾本科作物比较喜氮，适合的氮磷比例为（2~3）∶1，苹果的氮磷比为2∶1，豆科作物的氮、磷配合要以磷为主，充分发挥豆科作物的固氮作用。

在肥力较低的土壤上，磷肥还应该注意与钾肥和有机肥配合。特别是水溶性磷肥与有机肥配合施用也是提高磷肥利用率的重要途径。土壤中加入有机肥后可以显著降低土壤特别是酸性土壤的磷固定量。其可能机制是：①有机肥分解产生有机酸，螯合、溶解或解吸土壤中的 Fe-P、Al-P 和 Ca-P 等；②有机肥料中糖类对土壤中磷吸附位的掩蔽作用；③在低 pH 值条件下，有机质通过与 Al^{3+} 形成络合物，阻碍溶液中 Al^{3+} 的水解，并与磷酸根竞争羟基铝化合物表面的吸附位，从而降低酸性土壤对磷的吸附量。强调磷肥与其他营养元素肥料的配合施用，促进作物营养平衡，也是提高磷肥利用率的重要途径，但应注意配合施用中适宜和不宜混合施用的情况。

在酸性土壤上，注意增施石灰，防止土壤酸化，而且一般磷肥不能与石灰直接混合施用，否则会降低磷的有效性。在缺乏微量元素的土壤上，还要注意和微量元素配合。

（四）掌握磷肥施用的基本技术

1. 合理确定磷肥的施用时间

一般来说，水溶性磷肥不宜提早施用，以缩短磷肥与土壤的接触时间，减少磷肥被固定的数量，而弱酸溶性和难溶性磷肥往往应适当提前施用。磷肥以在播种或移栽时一次性基肥施入较好。多数情况下，磷肥不作追肥撒施，因为磷在土壤中移动性很小，不易到达根系密集层。不得已需要追施时，应强调早追。

2. 正确选用磷肥的施用方式

磷肥的施用，以全层撒施和集中施用为主要方式，集中施用又可分为条施和穴施等方式。全层撒施是将肥料均匀撒在土表后耕翻入土。这种施用方式会增强磷肥与土壤的接触反应，尤其是酸性土壤上，可使水溶性磷肥有效性大大降低，但有利于提高酸性土壤上的弱酸溶性和难溶性磷肥的肥效。集中施用是指将肥料施入到土壤的特殊层次或部位，以尽可能减少与土壤接触的施肥方式。这一方式尤其适合于在固磷能力强的土壤上施用水溶性或水溶率高的磷肥，从某种意义上说，施用颗粒磷肥也是一种集中施用的方式。

3. 注重磷肥的残效

要最大限度地减轻施用磷肥对环境的污染，就必须加强磷肥的合理施用，包括合理用量、合理施用方式和合理施肥时间的确定。磷肥不同于氮、钾肥，它的当季利用率较低，长期施用较易于在土壤中积累。磷在土壤中异常积累虽然不致直接因淋溶而进入水体，但是在水土保持较差的生态系统中则可能因表土冲刷流失而引起水体污染。在高磷供应水平下，作物可能出现磷的奢侈吸收，导致体内铁、钙、镁、锌等元素的生理性缺乏。作物吸收过多的磷还会妨碍淀粉的合成，也不利于淀粉在体内的转运，造成作物成熟不良，瘪粒增加。

磷肥的当季利用率在 10% ~ 25%，低于氮、钾肥的利用率。磷肥当季利用率低与作物种类有一定关系。一般来说，谷类和棉花的利用率较低，而豆科、绿肥和油菜等作物的利用率高。磷肥利用率低，更主要的是受土壤条件的影响，在部分固定磷能力特别强的土壤上，在用量不高时，磷肥甚至不能表现出增产效果。只有在用量达到相当大之后才显著增加作物产量。虽然说磷肥的当季利用率不高，但叠加利用率却不低。所谓叠加利用率是指在一次施肥之后，连续种植各季作物总吸磷量占施磷量的百分率。磷肥的后效一般可达 5 ~ 10 年，甚至更长时间。也就是说，被土壤固定的磷并不是无效的，而是可以逐渐被作物吸收利用的。磷肥的叠加利用率从 26% 到近 100%。提高磷肥利用率必须从当季表现利用率上升到叠加利用率来考虑，这样也符合磷肥后效长的实际情况，此外还应积极采取各种措施，减少土壤对磷的固定作用，充分发挥磷肥后效、提高磷在土壤中的移动性、选育磷利用效率高的作物优良品种、增强作物根系的吸收能力，以提高磷肥的当季利用率和叠加利用率。

第三节　钾素化肥

钾是植物生长必需的营养元素，它对作物产量和品质影响很大，也被称为"品质元素"。近年来土壤分析和田间试验结果证明，土壤缺钾地域正由南方向北方延伸，缺钾面积进一步增加。由此可见，增施钾肥已成为我国提高作物产量和品质的重要措施。由于我国钾肥资源匮乏，影响钾肥肥效的因素比较多。因此，合理有效地施用钾肥在农业生产中越来越显示其重要性。

一、钾肥的主要品种

（一）氯化钾

氯化钾呈白色或淡黄色或紫红色结晶，分子式为 KCl，氯化钾一般含 K_2O 60%左右，易溶于水，肥效迅速，有一定吸湿性，久贮会结块，属化学中性、生理酸性肥料。

氯化钾施入土壤后的变化情况大体上和硫酸钾相同，只是生成物不同。在中性和石灰性土壤中生成氯化钙，在酸性土壤中生成盐酸。所生成的氯化钙溶解度大，在多雨地区、多雨季节或在灌溉条件下，能随水淋洗至下层，一般对植物无毒害，在中性土壤中，会造成土壤钙的淋失，使土壤板结；在石灰性土壤中，有大量碳酸钙存在，因施用氯化钾所造成的酸度，可被中和并释放出有效钙，不会引起土壤酸化；而在酸性土壤中生成的盐酸，能增强土壤酸性。

氯化钾可作基肥、追肥，但不宜作种肥。但由于含有氯离子，对忌氯作物不宜使用，使用会对产量和品质有不良影响。忌氯作物有甘薯、马铃薯、甘蔗、甜菜、烟草、柑橘、葡萄、茶树等。氯化钾特别适宜于麻类、棉花等纤维类植物，氯离子对提高纤维含量和品质有良好的影响。此外，氯化钾不宜在盐碱地施用。旱地应注意施到湿润的土层，因湿润土层干湿度变化小，可减少钾的固定。在中性、酸性土壤上施用氯化钾时要配合施用石灰和有机肥料，以防止土壤酸化和损失。

（二）硫酸钾

硫酸钾为白色或淡黄色结晶，含 K_2O 50% ~ 52%，易溶于水，吸湿性小，贮存运输方便，也是化学中性、生理酸性肥料。

硫酸钾在土壤中的转化与氯化钾类似。所不同的是在中性和石灰性土壤上，代换产物是 $CaSO_4$，溶解度比 $CaCl_2$ 小，对土壤的不良影响不如氯化钾。但长期大量使用也会使土壤板结。在酸性土壤上，长期大量使用硫酸钾也会使土壤变得更酸。

硫酸钾适宜用于一般作物，特别是对于十字花科等需硫作物，以及喜钾忌氯作物，效果更好。可用作基肥、追肥和种肥，还可用作根外追肥。旱地应深施到湿润的土层，以减少钾的固定。硫酸钾含钾量低于氯化钾，价格却比氯化钾昂贵。因此，在一般情况下，应尽可能选用氯化钾，以提高肥料的经济效益。对于喜钾忌氯作物，若要用部分氯化钾代替硫酸钾，应通过试验，严格控制用量，并在播种前施下，使氯离子被雨水或灌溉水淋洗至土壤深层。硫酸钾用作种肥，一般每亩用量 1.5 ~ 2.5 千克，根外追肥的浓度为 2% ~ 3%。

（三）草木灰

作物秸秆、柴草、枯枝落叶等燃烧后剩下的灰烬，统称草木灰。我国农村使用草木灰历史悠久，它至今仍是农村一项重要的钾肥肥源。

草木灰成分极为复杂，凡是植物体所含有的灰分元素均有。

有机质及氮素在燃烧过程中大多数被烧失，剩下的灰分中，含钾、钙最高，磷次之，还含有镁、硫、硅及各种微量元素等。从肥料的角度常将草木灰看作是一种钾肥肥源。但从营养角度看，它不仅含有钾素，还含有磷、钙和其他营养元素。

草木灰的成分因烧制材料而异。一般木灰含钙、钾、磷多，草灰含硅较多，磷、钾、钙较少，稻壳灰养分含量最少。植物幼嫩器官含钾、磷较多，衰老器官含钙、硅较多。草木灰因烧制方法不同，其颜色和肥效也不一样。通气不良、低温焖烧而成的草木灰，呈灰黑色，其中的钾主要以碳酸钾形态存在，其次是硫酸钾和氯化钾，均为水溶性；磷以磷酸二钙的形态存在，属枸溶性，因此肥效高。但在高温燃烧的情况下，灰呈灰白色，钾与硅酸共熔形成难溶性的硅酸钾复盐，并使磷与钙结合形成难溶性的磷酸三钙，因此肥效较差。

草木灰含有碳酸钾和氧化钙，水溶液呈碱性，在酸性土壤上施用，不仅能降低酸度，并可补充钙、镁。同时，草木灰疏松多孔，颜色深，有良好的吸热性能，能提高土温，增强作物抗寒力。

草木灰适用于除盐碱地以外的所有土壤，施用于酸性土壤和山区冷浸田效果尤好，作基肥、追肥、种肥均可，常用来拌种、盖种、壅蔸和作苗床基肥。水稻秧田施用草木灰，既可提供养分，还可增加地温，促苗早发，防止水稻烂秧。另外，还可清除秧田的青苔。在我国许多地区，常用少量草木灰拌棉花种子，既有利于种子分散、便于播种，又有营养作用。用1%的草木灰浸出液作根外追肥，除供给作物养分外，还有防治蚜虫的效果。

草木灰是零星积存的一种农家肥料，要注意妥善保存，不能任其风吹雨淋。由于它是一种碱性肥料，不要与腐熟的有机肥、铵态氮肥和人粪尿混合贮存与施用，以免引起氨的挥发损失。

我国西北和内蒙古某些盐碱土和滨海盐碱土上生长的植物含

有大量氯化钠，而钾含量不高。由这些植物残体煅烧的草木灰不适宜作肥料。而向日葵秆富含钾，葵秆灰是农村中很好的钾源。

(四) 窑灰钾肥

窑灰钾肥是一种黄色或灰褐色的粉末状肥料。含 K_2O 8%~12%，高的可达 20% 以上，还含有 CaO 35%~40%，以及镁、硅、硫和多种微量元素。由于含有 30% 左右的氧化钙和 1% 左右的氧化镁，呈强碱性反应（水溶液 pH 值 9~11），吸湿性很强，易结块。

窑灰钾肥中的钾素包括水溶性钾、枸溶性钾和难溶性钾。其中水溶性钾占 35%~45%，主要成分是碳酸钾和硫酸钾；枸溶性钾 50% 左右，主要成分是硅酸钾和铝酸钾；难溶性钾占 5%~10%，主要成分是钾长石、黑云母等含钾矿物。除难溶性钾外，均能被作物吸收利用。

窑灰钾肥适用于酸性土壤和喜钙作物，可作基肥和追肥，但由于碱性大，易发热，不能作种肥和蘸秧根。由于肥料含硅较多，施用于水稻效果较好。窑灰钾肥施用前最好用湿土拌和，以免粉尘飞扬。水田一般作基肥，撒施后耕地。旱地作基肥可在耕地前撒施，或穴施、沟施；作追肥一般采用沟施和穴施，但要防止与茎叶和根系直接接触，以免烧苗和伤根。窑灰钾肥碱性强，不能与铵态氮肥、腐熟的有机肥料或过磷酸钙混合，以免造成氨的挥发，降低磷肥肥效。

二、钾肥的施用技术

(一) 作物需钾量

作物种类不同，一生中需钾量也不同。油料作物、薯类作物、棉麻作物、豆科作物以及烟草、茶、桑等叶用作物需钾量都较大，称为"喜钾作物"。果树需钾量也较多，其中，香蕉吸钾量最多。禾谷类作物或禾本科牧草需钾量都较小。在供钾能力为同一水平的土壤上，需钾量大的所谓"喜钾作物"的施钾效果一般要高于需钾量小的作物。

（二）钾肥施肥技术

1. 施用时期

许多试验证明，钾肥无论水田或旱地，作基肥效果比追肥好，如作追肥也是在早期施用比中后期追施效果好。一般情况下，钾肥宜作基肥。生育期长的作物可采用基肥、追肥搭配施用，以基肥为主，看苗早施追肥。但在固钾能力强的黏重土壤上，钾肥作基肥不宜过早地一次大量施用，而应在临近播种时施用，数量也不宜过多，以减少固定。在沙质土壤上钾肥宜作基肥、追肥分施，并加大追肥比例，分次施用，以减少淋失。研究资料表明，在果树任何一个生育时期施用磷、钾肥都会取得一定的增产效果，但以秋季与有机肥料混合作基肥施用效果最好。

2. 施用量

钾肥用量与土壤供钾水平和作物种类等有关。在一定用量范围内，作物产量随钾肥用量的增加而增加，但单位肥料用量的经济效益则逐渐下降。根据我国目前钾肥供应情况，在一般土壤上大田作物每亩施用 K_2O 4~5 千克较为经济，喜钾作物可适量增加。

果树钾肥用量因种类、树龄大小及土壤条件不同差异较大。据报道，红土地区保持柑橘亩产量 2 500 千克，每亩施钾量（K_2O，下同）需 25~30 千克；梨树每亩产 3 000~5 000 千克，每亩施钾量为 12~15 千克；苹果成年果园每亩施钾量一般 20 千克。

3. 施用方法

宽行作物（如玉米、棉花），不论作基肥或追肥，采用沟施、穴施比撒施效果好；而密植作物（如小麦、水稻）可以采取撒施。钾肥应适当深施在根系密集的土层内，既有利于作物吸收，又可减少因表土干湿交替引起钾的固定，提高钾肥利用率。

果树钾肥施用位置应放在树冠外围滴水线下的土壤。施用方法，幼年果树采用环状沟施入；成年果树采用条状沟施入；梯地台面窄，可挖放射状沟施入。沟的深度视根系分布情况而定，基肥宜深，追肥宜浅。

4. 在轮作周期中的分配

在钾肥充足时，每季施用适量钾肥较好。若钾肥数量有限，在南方三熟制地区，可将钾肥集中施于冬季作物。对于绿肥—稻—稻轮作制，可以将钾肥施于绿肥，能较大幅度提高绿肥产量，再以绿肥作水稻基肥。对于麦—稻—稻轮作制，也认为把钾肥施在冬作大麦上较为有利，一方面冬作大麦增产幅度较大，另一方面也能发挥钾肥的后效。各地试验认为晚稻钾肥增产效果比早稻好，在双季稻地区应重视晚稻施用钾肥。

（三）钾肥的高效施用方法

1. 合理分配钾肥

根据不同地区土壤的供钾能力、作物需钾程度和钾肥肥效分配钾肥。在省、市、县、乡范围内应优先用于土壤缺钾的钾肥高效区、丰产区（丰产带、丰产方）和经济作物集中区，保证重点，以发挥钾肥的最大增产效果和经济效益。土壤速效钾测定值小于作物临界值的土壤，以及丰产田、低湿、糊烂、紧实田为优先施用钾肥的土壤。

2. 确定优先施钾作物

根据不同作物增产效果和经济利益大小，选择优先施用的作物，如优先用于对土壤速效钾丰缺反应敏感的作物（马铃薯、甘薯、甜菜、果树、烟草、棉花、麻类、油料、豆类、豆科绿肥等）。稻类中，矮秆高产良种水稻、杂交稻、杂交水稻及粳稻施用钾肥应优先于高秆品种及籼稻；麦类中，大麦施钾应优于小麦。

3. 确定适宜的钾肥品种

根据作物和土壤特性，选用适宜的钾肥品种，以发挥更大的效益。一般稻麦类作物可施用氯化钾，而忌氯作物，特别是烟草施用硫酸钾。除盐碱土外，各类土壤都适合施用草木灰。

4. 确定适宜用量

根据土壤速效钾测定值和钾肥肥效相关性，以及作物目标产量，可采用地力分区（级）分配方法、目标产量分配方法和肥效效应函数法或通过电子计算机咨询施肥，因土因作物确定钾肥适宜用量。含钾高的有机肥用量较大时，可相应地减少钾肥用量。钾肥有一定后效，前季施用过钾肥时，后季可少用。

5. 确定和其他肥料的适宜配比

钾肥不能代替氮肥和磷肥，只有在氮、磷肥充分供应的情况下，氮磷钾肥平衡协调，发挥正交互作用，才能获得较大的增产效果。

6. 确定合理的施用方法

保肥性较强的土壤，宜作基肥，只有在作物生育前期缺钾或氮素穗肥较多的情况下，可以氮钾配施作穗肥，以调节钾氮比，协调氮素代谢，促进作物高产；保肥性较弱的土壤，可分基肥和苗肥两次施用。作物生长遇到恶劣气候，需及时补充钾肥。

第四节　微量元素肥料

一、微量元素肥料的概念

微量元素肥料是指含有硼、锰、钼、锌、铜、铁等微量元素的化学肥料，可以是含有一种微量元素的单纯化合物，也可以是含有多种微量和大量营养元素的复合肥料和混合肥料。微量元素是指自然界中含量很低的化学元素，部分微量元素具有生物学意义，是植物和动物正常生长和生活所必需的，称为"必需微量元素"或者"微量养分"，通常简称"微量元素"。必需微量元素在植物和动物体的作用有很强的专一性，是不可缺乏和不可替代的，当供给不足时，植物往往表现出特定的缺乏症状，农作物产量降低，质量下降，严重时可能绝产。近年来，农业生产上，微量元素缺乏日趋严重，许多作物都出现了微量元素的缺乏症，如玉米、水稻缺锌，果树缺铁、缺硼，油菜缺硼等。施用微量元素肥料已经获得了明显的增产效果和经济效益，全国各地的农业农村部门都相继将微肥的施用纳入了议事日程。

定量地说，对于作物来说，含量介于 0.2~200 毫克/千克（按干物重计）的必需营养元素称为"微量元素"。到目前为止，证实作物所必需的微量元素有硼、锰、铜、锌、钼、铁等。这些元素经过工厂制造成肥料，就叫作微量元素肥料，如七水硫酸锌属于锌肥，硼砂、硼酸属于硼肥，硫酸锰属于锰肥，钼酸铵属于钼肥，硫酸铜属于铜肥，硫酸亚铁属于铁肥等。

二、微量元素肥料的种类

微量元素肥料的种类很多，一般按植物所必需的微量营养元素种类可分为硼肥、锌肥、锰肥、铁肥、钼肥、铜肥、多元微肥等。按形态分类，国内常见的微肥有以下几种。

（一）无机态微肥

无机态微肥包括易溶性微肥和难溶性微肥两种，前者如硫酸盐、硝酸盐、氯化物、硼酸盐和钼酸盐等，多为固体的速效性微肥，适于多种施肥方式，既可直接施入土壤作基肥和追肥，也可喷施作根外追肥或用于浸种和拌种，植物能及时吸收利用；后者如磷酸盐、碳酸盐、氯化物、各种含微量元素的矿物以及含有微量元素的硅酸盐玻璃肥料等，这些微肥均属于缓效性肥料，其中的微量元素养分释放慢，只适用于作基肥。

（二）有机螯合态微肥

有机螯合态微肥是用一种合成或天然的有机螯合剂与微量元素离子螯合而成的一类肥料，如 EDTA-Zn、腐植酸铁、尿素铁和含微量元素的木质素磺酸螯合物等，施入土壤后不易被土壤固定，提高了微肥的有效性，也可用于喷施，植物能吸收整个分子的螯合物，并将微量元素离子用于物质的代谢，其效果常较无机态微肥好，但螯合态微肥生产成本高。

微量元素肥料由于用量少，施用不便，可将一种或多种微量元素在常量元素肥料或复合肥料制造过程中加入，或机械混合，制成复混态微肥，既能施用均匀，同时能满足作物对常量和微量元素的需要，还有些微肥新品种，如包衣微肥、叶面肥、激素微肥等。

三、微量元素肥料的施用

微量元素肥料的种类很多，一般按植物所必需的微量营养元素种类可分为：硼肥、锌肥、锰肥、铁肥、钼肥、铜肥、多元微肥等。农作物对这些元素需要量极小，但却是生长发育所必需的。近些年来，随着大量元素肥料的大量施用，产量大幅度提高，加之有机肥料投入比重下降，土壤缺乏微量元素的状况随之加剧。但不同质地、不同作物对微量元素的需求存在差异。因此，必须结合实际，合理应用。

（一）根据土壤丰缺情况和作物种类确定施用

一般情况下，在土壤微量元素有效含量低时易产生缺素症，所以应采取缺什么补什么的原则，才能达到理想的效果。同时不同的蔬菜种类，对微肥的敏感程度不同，其需要量也不一样。如白菜、油菜、甘蓝类蔬菜、萝卜等对硼肥敏感，需求量大；豆科和十字花科蔬菜对钼肥敏感；豆科类、番茄类、马铃薯、洋葱等对锌肥敏感等，稀土微肥在所有蔬菜上使用都有显著效果。

（二）根据症状对症施用

缺硼则幼叶畸形、皱缩，叶脉间不规则褪绿，生长点死亡；缺铜则新生叶失绿，叶尖发白卷曲；缺铁则新叶均匀黄化，叶脉间失绿；缺钼则中下部老叶失绿，叶片变黄，叶脉呈肋骨状条纹；缺锰则叶脉间失绿黄化，或呈斑点黄化；缺锌则叶脉间失绿黄化或白化。

第五节　复合肥料

一、复合肥料的概念

《复合肥料》（GB/T 15063—2020）对复合肥料进行了定义，复合肥料是指由氮、磷、钾 3 种养分中，至少有两种养分标明量的由化学方法和（或）物理方法制成的肥料。

复合肥料按元素种类可分为二元复合肥料、三元复合肥料和多元复合肥料三大类。

复合肥料的有效成分，一般按 $N-P_2O_5-K_2O$ 次序分别用阿拉伯数字表示其重量百分比，如组成为 15-7-8 的复合肥料含氮 15%、五氧化二磷 7%、氧化钾 8%。而 15-15-0 则表示含氮 15%、五氧化二磷 15%，不含钾，以此类推。若肥料中含有其他中量元素或微量元素，则将这些元素的含量写在后面，并标明是哪一种元素，如 10-10-10-5S 则表示除 N、P、K 外，含 S 5%。

二、复合肥料的优缺点

（一）复合肥料的优点

复合肥料的优点主要体现在以下两方面。

（1）养分种类多、含量高。复合肥料通常包含氮、磷、钾等多种主要营养元素，能够同时供应植物所需的多种养分，充分发挥营养元素之间的促进作用，从而提高施肥的增产效果。

（2）副成分少，物理性状好。复合肥料在生产过程中，通过精细的加工和配比，减少了无用的副成分，提高了肥料的纯度。同时，其物理性状稳定，便于储存、运输和使用，减少了施肥过程中的浪费和损失。

（二）复合肥料的缺点

复合肥料的缺点主要体现在以下两方面。

（1）养分比例是固定的，难以适应各地土壤、植物的需要。由于复合肥料的养分比例是预先设定好的，因此在不同地区、不同土壤类型以及不同植物的需求下，可能无法完全匹配，往往需要配合单质肥料施用，以达到最佳的施肥效果。

（2）复合肥料中的各种养分施在同一时期、同样深度，不一定适合植物生长的需要。植物在不同生长阶段对养分的需求是有所变化的，而复合肥料的养分释放通常是一个持续的过程，可能无法完全满足植物在不同生长阶段的需求。此外，将所有养分施在同一深度也可能不利于植物根系的吸收和利用。因此，在使用复合肥料时，需要结合植物的生长习性和土壤条件进行合理施肥。

三、常用的复合肥料

目前，我国常用的复合肥料主要有磷酸铵、硝酸钾、硝酸磷肥、磷酸二氢钾。

（一）磷酸铵

磷酸铵是氮磷二元复合肥料，主要包括磷酸一铵（12-52-0，10-50-0）、磷酸二铵（18-46-0，16-48-0）。

磷酸铵养分含量高，含杂质和其他副成分少，一般不吸湿结块，长期施用，不会造成土壤物理性质的破坏和有毒物质的污染。磷酸铵施入土壤后，借助于氮的活性，磷酸根离子的移动较普钙中的磷酸根快，易被植物利用，对当季植物的贡献大。

磷酸铵有效成分浓度高，适用于几乎所有土壤和植物，其肥效可与等养分的单质化肥配合施用一致，但它节省了贮、运、施的费用，因而受到欢迎。需要注意的是，磷酸铵是以磷为主的复合肥料，在多数情况下不可单独作基肥或追肥，要配合氮肥如尿素、碳酸氢铵等施用，这样，调节了氮、磷比例，可避免磷素过多投入，同时又增加产量。磷酸铵的养分浓度很高，切忌拌种，以免对种子发芽造成不良影响。磷酸铵要避免与碱性肥料混施，防止氨的挥发和磷的固定。

（二）硝酸钾

硝酸钾是含氮、钾的二元复合肥料，含氮 13.5%、氧化钾 45%～46%，白色粉末，易溶于水，具有强氧化性质，忌混入有机物。

硝酸钾物理性状好，不吸湿结块，副成分少，适宜于喜钾忌氯的植物如薯类、烟草、甜菜等，硝酸钾含硝酸根，在还原条件下易反硝化损失，所以一般不用于水田而用于旱地。硝酸钾和有机物混合后易燃易爆，贮运时应予以注意。

（三）硝酸磷肥

硝酸磷肥是以硝酸分解磷矿石加工制得的氮磷二元复合肥料，主要成分是硝酸铵、磷酸氢二铵以及磷酸氢钙。硝酸磷肥具有一定的吸湿性，常制成颗粒状。

根据硝酸磷肥所含氮、磷的特点，它不宜在南方特别是水田上施用，以免氮素淋失及硝化脱氮损失；在北方石灰性土壤上也不宜单独施用，宜与水溶性磷肥配合，以解决单施硝酸磷肥因供磷强度不足而影响植物苗期生长发育的问题。另外，在缺磷土壤上以用含磷较高的硝酸磷肥为好，一般土壤可选用 $N:P_2O_5 = 1:0.5$ 的硝酸磷肥。

硝酸磷肥可作基肥、种肥和追肥。一般基施 225～300 千克／

公顷，作种肥可用 75~150 千克/公顷，但勿直接接触种子，以免烧苗。

（四）磷酸二氢钾

磷酸二氢钾是含磷、钾的二元复合肥料，养分表达式为 0-24-27。磷酸二氢钾为灰白色粉末，吸湿性小，物理性状好，易溶于水，是一种很好的肥料，但价格高，所以目前多用于根外追肥和浸种肥。一般可用 0.1%~0.2% 的磷酸二氢钾喷施，喷施时间以植物生殖生长期开始时为佳，长江流域麦区，在干热风到来以前，喷施磷酸二氢钾，可以有效地减少灾害损失。另外，0.2% 磷酸二氢钾溶液浸种也可取得一定的增产效果。

四、复合肥料的施用原则

（一）选择适宜的复合肥料品种

复合肥料的氮、磷、钾等养分比例要与植物、土壤需求相适应，才能更好地发挥复合肥料的优越性。国内多数土壤首先是缺氮，其次缺磷，再是缺钾，一般植物可以选用氮、磷复合肥料，豆科植物可以选用磷钾复合肥料，经济植物注意选用与当地土壤、气候相适应的三元或多元复合肥料。

（二）适合植物营养的需要

在使用某种复合肥料时，可用单质化肥来调整营养元素比例，使之适合植物营养的需要。针对复合肥料特点，可作基肥、种肥、追肥。高效的磷酸二氢钾等复合肥料，最好用作根外追肥或浸种肥，提高经济效益。含铵的复合肥料，深施覆土，减少损失，提高肥效。含缓效性养分为主的偏磷酸盐等复合肥料，宜与有机肥配合作基肥。

五、复合肥料的施用技术

复合肥料含有多种养分，与单一肥料相比，对施肥技术的要求更高，下面从施肥量、施肥期及施肥位置 3 个方面进行介绍。

（一）施肥量以氮量为基础

三元复合肥料及多数二元复合肥料都含有氮，除豆科作物外，对多数地区的多数作物，氮素往往是最缺乏的，其肥效一般也高于磷、钾肥；经济作物的氮肥效果最高，但磷、钾肥的效果好于粮食作物。基于此，在实际计算复合肥料施用量时，应以施氮量作为基础。

（二）施肥时期以基肥为基础

有两个因素将影响复合肥料在施用时期上考虑以基肥为基础。一是复合肥料中增加了磷或磷、钾养分，要使磷、钾养分特别是磷素充分发挥肥效，必需基肥尽早施用；二是复合肥料较单一肥料增加了养分及副成分，只有安排高比例的基肥，才能施用合理，发挥高肥效。将复合肥料结合耕耙作业作基肥施用或移栽时穴施基肥，都不失为一种方便和省工的施肥方式。对生长期长、后期吸肥较大的作物或在保肥力差的土壤上施用时，可考虑适当增加追肥比例，或配施单一氮肥作追肥，或选用不同养分比例的其他品种复肥作追肥。

（三）施肥位置以深施入土为基础

一般情况下，耕作土壤中养分有自上而下逐渐减少的趋势，即养分向耕作层上部聚积，耕作频繁、复种指数高的菜地更是如此。因此，将复合肥料适当深施，使磷、钾养分处于较稳定的湿润土层，移动距离较大，并有利于减少速效钾因土壤干湿交替引起的固定，促进作物对磷、钾的吸收。

作物对养分的吸收随根系伸展而逐步加深和扩展，早期以耕层上部养分为主，中晚期则从耕层下部吸收较多，所以，实际施肥位置应根据作物生育期、吸收根系的分布深度、不同生育期的营养要求等因素确定，可以深施至某一土层，也可分层深施。

第六节 缓控释肥

一、脲醛缓释肥料

脲醛缓释肥料是指由尿素和醛类在一定条件下反应制得的有机微溶性氮缓释肥料。脲醛缓释肥料主要的品种有丁烯叉二脲、脲甲醛和异丁烯叉二脲。

(一) 丁烯叉二脲

丁烯叉二脲又名脲乙醛,是一种常用的脲醛类缓释肥料,由乙醛缩合为丁烯叉醛,在酸性条件下再与尿素结合而成。

丁烯叉二脲在土壤中的溶解度与土壤温度和 pH 值有关,随着土壤温度的升高和土壤溶液酸度的增加,其溶解度增大。丁烯叉二脲在酸性土壤上的供肥速率大于在碱性土壤上的供肥速率。施入土壤后,分解的最终产物是尿素和 β-羟基丁醛,尿素进一步水解或直接被植物吸收利用,而 β-羟基丁醛则被土壤微生物氧化分解成二氧化碳和水,并无残毒。

丁烯叉二脲可作基肥一次施用。当土壤温度为 20℃ 左右时,丁烯叉二脲施入土壤 70 天后有比较稳定的有效氮释放率,因此,施于牧草或观赏草坪肥效较好。如果用于速生型作物,则应配合速效氮肥施用。

(二) 脲甲醛

脲甲醛又称尿素甲醛,含氮 36%~38%,其中冷水不溶性氮占 28%,是缓释氮肥中开发最早且实际应用较多的品种。这一产品是由尿素和甲醛缩合而成的,甲醛是一种防腐剂,施入土壤后抑制微生物的活性,从而抑制了土壤中各种生物学转化过程而使其长效,当季作物仅释放 30%~40%。其最终产物为不同链长和分子量的甲基尿素聚合物的混合物,聚合物的范围从亚甲基二脲至五亚甲基六脲，尿素甲醛的活度决定于该混合物中不同聚合物的比例。分子链越短的，其氮素就越易被作物吸收利用。

1. 施用方法

（1）脲甲醛缓释氮肥的基本优点是在土壤中释放慢，可减少氮的挥发、淋失和固定；在集约化农业生产中，可以一次大量施用不致引起烧苗，即使在沙质土壤和多雨地区也不会造成氮素损失，保持其后效。常见脲甲醛肥料的品种有尿素甲醛缓释氮肥、尿素甲醛缓释复混肥料、部分脲醛缓释掺混肥料等，既有颗粒状也有粉块状，还可配制液体肥供施用。

（2）脲甲醛施入土壤后，主要在微生物作用下水解为甲醛和尿素，后者进一步分解为氨、二氧化碳等供作物吸收利用，而甲醛则留在土壤中，在它未挥发或分解之前，对作物和微生物生长均有副作用。

（3）脲甲醛常作基肥一次性施用，可以单独使用，也可以与其他肥料混合施用。以等氮量比较，对棉花、小麦、谷子、玉米等作物，脲甲醛的当季肥效低于尿素、硫酸铵和硝酸铵。因此，将脲甲醛直接施于生长期较短的作物时，必须配合速效氮肥施用。如不配速效氮肥，往往在作物前期会出现供氮不足的现象，而难以达到高产目标，却白白增加了施肥成本。在有些情况下要酌情追施硫酸铵、尿素。当然，任何情况下基肥也不能忽视磷钾肥的匹配，如单质过磷酸钙和氯化钾等。

2. 注意事项

（1）脲甲醛产品性能。根据国家已发布的相应标准规定，脲甲醛肥料产品应在包装袋上标明总氮含量、尿素氮含量、冷水不溶性氮含量、热水不溶性氮含量，如产品为吨包装时，只需标明脲醛种类、总氮含量、尿素氮含量、冷水不溶性氮含量、热水不溶性氮含量、净含量、生产企业名称、地址。

（2）在选购脲甲醛肥料产品时，要通过仔细阅读或找有关人员咨询了解产品性能。尤其目前市场上许多广告宣传不但不切实际地夸大，还有套用新型肥料欺骗和误导消费者的现象。

（三）异丁烯叉二脲

异丁烯叉二脲别名亚异丁二脲、脲异丁醛，含氮 32.18%，在水中溶解度很小。异丁烯叉二脲属于尿素深加工产品，其生产方法是用尿素和异丁醛在催化剂作用下经缩合反应生成，一般反应温度控制在 50℃ 左右，生成的异丁烯叉二脲不溶于水，结晶析出后经分离即得合格产品。

异丁烯叉二脲适用于各种作物，作基肥用时，它的利用率比尿素甲醛高一倍。还可以用作缓释氮肥，用于花卉栽培。施用方法灵活，可单独施用，也可作为混合肥料或复合肥料的组成成分。可以按任何比例与过磷酸钙、熔融磷酸镁、磷酸氢二铵、尿素、氯化钾等肥料混合施用。

此外，异丁烯叉二脲也可以作为饲料添加剂使用，用作饲料添加剂可以代替蛋白质饲料，使反刍动物增重、增奶。

二、长效碳酸氢铵

（一）长效碳酸氢铵概述

长效碳酸氢铵又称缓释碳酸氢铵，即在碳酸氢铵粒肥表面包上一层钙镁磷肥。在酸性介质中钙镁磷肥与碳酸氢铵粒肥表面起作用，形成灰黑色的磷酸镁铵包膜。这样既阻止了碳酸氢铵的挥发，又控制了氮的释放，延长肥效。包膜物质还能向作物提供磷、镁、钙等营养元素。长效碳酸氢铵物理性状的改良使其便于机械化施肥。

（二）长效碳酸氢铵的施用方法

1. 水稻

主要采用全层施肥法，每亩参考用量为 60~80 千克，肥料充分混匀之后在翻地前施于地表，然后将其翻入 15~20 厘米深的土壤还原层中，再进行泡田、整地、插秧。水稻施用长效碳酸氢铵，基施与追施比例大约为 7∶3，即 70% 左右的长效碳酸氢铵作基肥，30% 左右的长效碳酸氢铵作追肥。

2. 小麦

主要采用全层施肥法，每亩参考用量为 30 ~ 60 千克。在耕翻整地前用人工或撒肥机把混匀后的长效肥料撒于地表，立即进行犁地，将肥料翻入 15 ~ 20 厘米深的土壤层中，然后进行播种。

3. 玉米

每亩参考用量为 70 ~ 80 千克，肥力较高、蓄水蓄肥能力较强的黏质土壤，参考施肥量一般为 60 ~ 70 千克。在玉米播种整地前或在玉米播种时将其一次性施入，免去追肥工序，省工省力；施肥深度一般为 10 ~ 15 厘米；肥料与种子之间的距离不少于 10 厘米，以避免烧种伤苗。

4. 黄瓜、番茄等蔬菜

每亩参考施用量为 100 ~ 130 千克，适宜的施用量应根据蔬菜品种、目标产量、菜地土质等因素来确定。施用方法为一次基施，常用的有垄沟施肥法和全层施肥法，应根据蔬菜的栽培方式而定。

（1）垄沟施肥法。在整地前，将长效碳酸氢铵与农家肥、磷、钾等肥料混合，均匀施入垄沟，垄沟的深度在 20 厘米左右，然后起垄播种或栽植。垄作可采用垄沟施肥法。

（2）全层施肥法。在整地前，将长效碳酸氢铵与农家肥、磷、钾等肥料混合，均匀施于地表，然后翻入 20 厘米深的土层中，再作畦播种或栽植。畦作宜用全层施肥法。

5. 苹果等果树

长效碳酸氢铵在果树上的参考施用量一般为每亩 50 ~ 80 千克。常用的施肥方法有如下 3 种。

（1）条状施肥法。在果树的行与行之间开条状沟，深度为

15~30 厘米，把肥料均匀施入，然后用土压实。

（2）辐状施肥法。以树干为中心向外开辐射状沟，深度为 15~30 厘米，把肥料均匀施入，然后用土压实。

（3）环状施肥法。树冠投影外开环状或半环状沟，深度为 15~30 厘米，把肥料均匀施入，然后用土压实。

三、长效尿素

（一）长效尿素概述

长效尿素又叫缓释尿素，长效尿素是在普通尿素生产过程中添加一定比例的脲酶抑制剂或硝化抑制剂而制成的。长效尿素为浅褐色或棕色颗粒，含氮 46%。作基肥或种肥一次施入，不必追肥。

（二）长效尿素的施用方法

由于长效尿素肥效期长，利用率高，所以在施用技术上与普通尿素有所不同。具体应用效果和施用技术因不同作物而异，同时要与不同耕作制度和土壤条件结合起来，尽可能简化作用，节省费用。对一般作物，如小麦、水稻、玉米、棉花、大豆、油菜，可在播种（移栽）前 1 次施入。在北方除春播前施用外，还可在秋翻时将长效尿素施入农田。如需要作追肥，一定要提前进行，以免作物贪青晚熟。长效尿素施用深度为 10~15 厘米，施于种子斜下方或两穴种子之间或与土壤充分混合，既可防止烧种烧苗，又可防止肥料损失。

1. 水稻

长效尿素用作基肥要深施，每亩参考用量为 12~16 千克，施肥深度一般为 10~15 厘米。

2. 小麦

每亩参考用量为 10~15 千克。垄作时，先将肥料撒在原垄沟中，然后起垄，肥料即被埋入垄内；或者整地起垄后，施肥与播种同时进行。不管怎样施肥，要保证种子与肥料间的隔离层在10厘米以上。畦作小麦，通常采用全层施肥的方法，即先将肥料均匀地撒在地表，然后翻地将肥料翻入土中，再进一步耙地、作畦、播种，此时肥料主要在下层，少部分肥料分布在上层土壤中。畦作小麦的翻地深度应不小于20厘米，以免肥料过于集中，影响小麦出苗。

3. 玉米

施肥方法有以下3种。

（1）全层施肥法。在翻地整地之前，将缓释肥料用撒肥机或人工均匀撒于地表，然后立即进行翻地整地，使肥料与土壤充分混合，减少肥料的挥发损失，翻地整地后，可根据当地的耕作方式，进行平播或起垄播种。

（2）种间施肥法。播种时，先开沟，用人工将肥料施在种子间隔处，使肥料不与种子接触，保证一定的间隔，防止烧种，在人多地少、机械化程度不高地区，多采用种间施肥法。

（3）侧位施肥法。采用播种施肥同步进行的机械，使种子与肥料间隔距离10厘米以上，播种、施肥一次作业，注意防止由于肥料施用量集中出现的烧种现象。

每亩参考施用量为15~22千克。要注意种子与肥料之间的距离，一般以10~15厘米为宜。施肥量越大，要求肥料与种子之间保持的距离越大。长效尿素最好施在种子的斜下方，而不宜施在种子的垂直下方，以防幼根伸展时受到伤害。

4. 大豆

要注意既能满足大豆对氮素的需要，又不妨碍根瘤的正常固氮。长效尿素采用侧位深施肥方式，深开沟侧位施肥，合垄后，在另一侧等距离点播或条播种子，每亩以10千克左右为宜。北方地区，也可采用类似玉米的秋季施肥方式。

5. 棉花

垄作时，采用条施，先开 15 厘米深的沟，将长效尿素均匀撒入沟内，必要时与其他肥料一起施在沟内，然后合垄，常规播种。

6. 高粱

每亩参考用量为 15~25 千克，肥料与种子不能接触，应采用偏位施肥法，以防止长效尿素作基肥施用时烧伤种子和幼苗。即首先深开沟，把肥料点施于播种沟的一侧（使肥料施于深15~20 厘米的土层中），然后种子点播在另一侧。为了防止烧伤种苗，在北方宜采用秋翻地施肥或早春深施肥，隔 7~10 天后再播种。

7. 花生

每亩参考用量为 5~10 千克，再根据土壤肥力和目标产量加以确定，并配以有机肥、磷肥和钾肥。施肥方法采用条播深施法，即一次基施侧位施肥，深开沟侧位施肥，合垄后，在另一侧等距点播或条播花生种子。

8. 油菜

施用量应根据油菜品种、目标产量以及土壤肥力来确定。最好配施硫酸钾肥。施肥方法是将长效尿素与其他所有的肥料混在一起，条施于种子的侧面下方，确保肥料与种子之间的距离不小于 10 厘米，以防止烧种伤苗。

9. 甘蔗

一次基施长效尿素不能满足甘蔗整个生育期的需要，但是可以减少追肥次数，一般追施 1~2 次即可。每亩参考施用量为40~60 千克。一般以 50% 的肥料作基肥，另 50% 作为追肥分两次追施，追肥的时间要适当提前。特别是在后期要控制氮肥不要过多，避免氮素供应过多影响糖分的积累。施用方法可以采用侧位条施或全层施用法，但要注意肥料和插种蔗苗的距离，以防烧根伤苗。

10. 甜菜

每亩参考施用量为 5~30 千克。施用方式可采用穴施或条施方法，种子与肥料之间的距离为 12~15 厘米，以免伤害甜菜幼苗。

四、长效复合（混）肥

（一）长效复合（混）肥概述

长效复合（混）肥，又称缓释复合（混）肥。在复合（混）肥工业生产过程中，添加适当的适量抑制剂或活化剂，即可生产出缓释复合（混）肥料。

（二）长效复合（混）肥的施用方法

1. 水稻

采用全层施肥法，每亩参考用量为 12~16 千克。将混匀后的肥料在整地时一次基施，使肥料与土壤在整地过程中混拌均匀，翻入 15~20 厘米深的土壤还原层中，再进行泡田、整地、插秧。水稻施用长效复合（混）肥后，一般不需要再进行追肥。

2. 小麦

每亩参考用量为 10~15 千克，在整地时一次基施，使肥料与土壤在整地过程中混拌均匀，翻入深约 15 厘米的土层中，再进行播种。一般不需再进行追肥。

3. 玉米

长效复合（混）肥一次基施，不需要再进行追肥。施肥方法有全层施肥法、种间施肥法、侧位施肥法 3 种，可根据具体条件加以选用。一般施肥深度为 10~15 厘米，为了避免烧种伤苗，肥料与种子之间的距离必须大于 5 厘米；施肥量应根据土壤肥力状况和玉米目标产量确定，一般肥力土壤的参考施肥量为每亩 50~60 千克。

五、控释肥

（一）控释肥概述

控释肥是指通过包膜技术来控制养分的释放，达到安全、长效、高效等目的。它是缓释肥的高级形式，适合机械化生产，特别是满足种肥同播的需要。控释肥的养分释放速率、数量和时间是人工设计的，使其与作物生长期的营养需求相匹配。

常见的控释肥大致分为硫包衣（肥包肥）、树脂包衣、尿酶抑制剂等，按生产工艺的不同，又可分为化合型、混合型及掺混型等。包膜材料的选择、包膜厚度和薄膜开口率等因素都会影响养分的释放率。控释肥的释放速度更加稳定，适用于长时间的肥料供应，适用于所有作物。

（二）控释肥的施用方法

控释肥在农业上的施用范围非常广泛，粮食作物、油料作物以及蔬菜瓜果等均可以应用，但具体的施用方法和施用量因作物不同而不同。

1. 小麦

作基肥使用，一般每亩施控释肥 40 千克左右，施肥宜撒施或条施。撒施：在整地前均匀撒施于地表，然后翻地耙平，播种小麦。条施：先整地耙平，然后用机械条播，一行麦种间隔一行肥料，肥料施在种子的侧下方，深 6～8 厘米，并覆土。生产中要根据土壤肥力和产量确定具体施肥量，高产麦田需要较高的施肥量；要根据麦田的保肥水能力确定是否需要追肥，沙性土壤要视苗情追肥；注意种肥隔离，以 5～10 厘米为宜。

小麦使用控释肥后，在小麦的生长初期，表现为出苗全，麦苗长势旺，苗壮、苗青、苗高；在返青分蘖期，表现为返青快，分蘖多；在生长中后期，表现为株高苗壮，叶片宽厚肥大，叶色呈现深绿色，根系发达，很少有倒伏现象；在结穗期，表现为无效穗少，成穗率提高 15%～20%，穗大且多，产量高，平均每亩产量增加 15% 左右；同时在整个生长期，麦苗生产健壮，抗病虫害能力强，病虫害发生很轻。

2. 玉米

一般玉米田块每亩用 40～50 千克，在玉米苗期一次施入作为底肥，穴施或条施，距根 5～10 厘米施用，注意覆土，不要将肥料直接撒施在土壤表面。施用量要根据目标产量而定，超高产玉米田块，每增加 100 千克的玉米产量，需增加施用量 10～15 千克。

玉米使用控释肥后，根系比较发达，固定根粗壮。前期控制幼苗长势，增强抗倒伏性；发育期植株长势健壮，根系发达，叶片肥厚，叶色深绿，光合作用强；成熟期穗大，籽粒饱满，秃顶小，产量提高。

3. 水稻

一般在插秧前一次性均匀撒施于地表，耕翻后种植，一般每亩施控释肥 35～40 千克。

水稻使用控释肥后，秧苗平均高度增加，有效分蘖较多，并减少了无效分蘖。生长期叶色较深，秸秆强壮，抗倒伏；穗期成穗多，穗大，籽粒饱满，结实率提高，产量提高。

4. 棉花

可在距离棉苗 15 厘米处沟施或穴施，施后覆土；施用量因产量、地力不同而异，一般每亩施用量为 35～40 千克。棉花使用控释肥后，苗期植株叶片较厚。在花铃期生长旺盛，现蕾数多，结铃多，铃大；开花结铃期长，增产效果明显。

5. 花生

以低氮高磷高钾型配方为好。作为底肥条沟施用，施用量因产量、地力不同而异，一般每亩施用量为 20～40 千克。

花生使用控释肥后，花生叶色浓绿，植株平均较高，荚果数量多，籽粒饱满，荚果成熟较早，根系比较发达，单株果数、单株果重和饱仁重都明显提高，产量得到显著提高。同时提高了花生籽粒蛋白质的含量，花生籽粒中脂肪含量、可溶性糖的含量、维生素 C 含量及氨基酸含量也均不同程度地得到提高，花生的品质也得到明显的改善。

6. 苹果、桃、梨等果树

可在离树干 1 米左右的地方呈放射状或环状沟施，深 20~40 厘米，近树干稍浅，树冠外围较深，然后将控释肥施入后埋土。应根据控释肥的释放期，决定追肥的间隔时间。一般情况下，结果果树每株 0.5~1.5 千克，未结果果树每亩施 50 千克。

果树使用控释肥后，树势强壮，叶片浓绿较厚；果实较大，均匀，颜色鲜亮；结果多，产量提高；在部分树种上果实硬度、可溶性固形物、维生素 C 含量等提高，品质提高明显。

7. 葡萄

控释肥在葡萄上施用可分 4 个阶段：第一阶段是在葡萄萌芽以后长到 15~20 厘米，每亩追施 40 千克控释肥加 5~10 千克氮肥；第二阶段是葡萄谢花以后，葡萄长到黄豆粒大小时再追施 60 千克左右控释肥；第三阶段是葡萄开始膨大时，也就是着色阶段，可以再追施 60 千克控释肥；第四阶段是葡萄下架以后，开沟施有机肥，每亩施 2 000~2 500 千克，也可以适当施 15~25 千克控释肥，采用条沟施比较合适，距离葡萄 40 厘米左右，呈三角式犁沟，埋好土以后，再跟一遍水。

使用控释肥后，葡萄植株长势好，显著降低了葡萄的新梢长度和节间长度，新梢夏芽萌发的副梢数量明显减少，枝蔓粗壮；叶片颜色浓绿、叶片较厚；果实较大、穗整齐、果实成熟较早，着色比较均匀，成熟期提前 2~3 天，糖度显著提高。

8. 蔬菜

科学配合有机肥施用，一般亩施用控释肥 35~50 千克。可撒施，均匀撒于地表，翻耕、搂平耙实，也可沟施，深度6~8厘米，覆土。适宜在生长期较长（不低于50天）的蔬菜上施用，每收获一批产品，需要冲施20千克左右的冲施肥；种肥离根5~6厘米为宜；重视蔬菜田的轮作。

蔬菜使用控释肥后，植株比较健壮，抗病、抗逆性较强。在番茄上应用，后期能明显促进番茄的生长发育，株高、茎粗显著增加，颜色浓绿，果实着色、大小较均匀，脐腐病的发病轻；番茄品质改善明显（糖酸比、维生素C和可溶性蛋白含量增加，硝酸盐含量降低）。大葱施用控释肥株高、茎粗、葱白长均有所提高，产量（增产22.0%以上）和品质提高明显（维生素C含量提高1.64%~24.29%，硝态氮含量降低23.18%~39.71%）。

9. 马铃薯

用于底肥，每亩施控释肥75~90千克，集中条沟施，覆土；种肥离根5~6厘米。

施用控释肥平均使马铃薯株高增加5.94%，茎粗增加9.04%，叶绿素增加5.55%；干物质量提高8.86%，单块茎重提高11%，产量提高8.35%；病害减少，地下害虫为害减轻，薯块色泽好，无虫眼；维生素C和可溶性糖含量增加，品质提高。

（三）控释肥的注意事项

1. 肥料种类的选择

目前控释肥根据不同控释时期和养分含量有多个种类，不同控释时期主要对应于作物生育期的长短，不同养分含量主要对应不同作物的需肥量，因此施肥过程中一定要有针对性地选择施用。

2. 施用时期

控释肥一定要作基肥或前期追肥，即在作物播种时或在播种后的幼苗生长期施用。

3. 施用量

建议农作物单位面积控释肥按照往年施肥量的 80% 进行施用，要根据不同目标产量和土壤条件相应适当增减。

4. 施用方法

施用控释肥要做到种肥隔离，沟（条）施覆土，像玉米、棉花等一般要求种子和肥料的间隔距离在 7~10 厘米，施入土中的深度在 10 厘米左右。

第七节 水溶肥

水溶肥是一种能够完全溶解于水的多元素复合型肥料，含有氮、磷、钾、钙、镁、氨基酸、腐植酸、微量元素、海藻酸等，具有速效性，能迅速被作物的根系和叶面直接吸收利用。与传统的过磷酸钙、造粒复合肥等相比，水溶肥具有明显优势，无残渣，吸收利用率高，可解决高产作物快速生长期的营养需求。水溶肥主要有大量元素水溶肥、中量元素水溶肥、微量元素水溶肥、含腐植酸水溶肥、含氨基酸水溶肥等。

一、大量元素水溶肥

大量元素水溶肥，是指以大量元素氮、磷、钾为主要成分的，按照适合植物生长所需比例，添加以微量元素铜、铁、锰、锌、硼、钼或中量元素钙、镁制成的液体或固体水溶肥。

大量元素水溶肥是一种将多种元素融入的水溶肥，营养全面，可以为作物提供所需的营养元素，可用作基肥、追肥、冲施肥、叶面施肥、浸种蘸根以及灌溉施肥。叶面施肥，把肥料先按要求的倍数稀释溶解在水中，进行叶面喷施，也可以和非碱性农药一起施用；灌溉施肥，包括喷灌、滴灌、冲施等，直接冲施易造成施肥不均匀，出现烧苗伤根、苗小苗弱的现象。生产中一般采取二次稀释法，保证冲肥均匀，提高肥料利用率。在施肥过程中，严格掌握用量，大量元素水溶肥养分含量高、速效性强，严格按照肥料使用说明方法和用量进行使用，避免造成肥害。

二、中量元素水溶肥

中量元素水溶肥，指以中量元素钙、镁按照适合植物生长所需比例，或添加以适量微量元素铜、铁、锰、锌、硼、钼制成的液体或固体水溶肥。

中量元素水溶肥，一般用作基肥、追肥和叶面喷肥。基肥与化肥或有机肥混合撒施或掺细沙后，单独撒施；追肥采用沟施或随水冲施；叶面喷肥在作物不同生长期，根据不同肥料特性和产品要求浓度进行喷施。

三、微量元素水溶肥

微量元素水溶肥，是指由微量元素铜、铁、锰、锌、硼、钼按适合植物生长所需比例制成的或单一微量元素的液体或固体水溶肥。

微量元素水溶肥可用于基施、拌种、浸种以及叶面喷施等。拌种是用少量温水将微肥溶解，配成高浓度的溶液，喷洒在种子上，边喷边搅拌，阴干后播种。浸种是用含有微肥的水溶液浸泡种子，微肥的浓度为 $0.01\% \sim 0.1\%$，时间为 $12 \sim 24$ 小时，浸泡后及时播种，以免霉烂变质。叶面喷施为将可溶性微肥配成一定浓度的水溶液，对作物茎叶进行喷施，一般在作物不同生育时期喷一次。微量元素肥料一般与大量元素肥料配合施用，在满足植物对大量元素需要的前提下，施用微量元素肥料能充分发挥肥效，表现出明显的增产效果。

四、含腐植酸水溶肥

（一）含腐植酸水溶肥概述

含腐植酸水溶肥是一种含有腐植酸类物质的新型肥料，也是一种多功能肥料。简称"腐肥"，群众称"黑化肥""黑肥"等。它是以富含腐植酸的泥炭、褐煤、风化煤为原料，经过氨化、硝化等化学处理，或添加大量元素氮、磷、钾或微量元素铜、铁、锰、锌、硼、钼制成的液体或固体水溶肥，能刺激植物生长，改土培肥，提高养分有效性和作物抗逆能力。

含腐植酸肥料使用范围广，可用于蔬菜、瓜果、茶叶、棉花、水稻、小麦等各种粮食作物和经济作物，特别适宜生产绿色食品和有机食品，也可用作园林、苗圃、花卉、草坪等的专用肥。

（二）含腐植酸水溶肥的施用

含腐植酸水溶肥主要用于基肥、追肥、叶面喷肥、浸种以及蘸根等。

1. 作基肥

固体腐植酸肥料作基肥，每亩用量100~150千克。浓度为0.05%~0.1%，每亩用250~400升水溶液，可与农家肥料混合在一起施用，沟施或穴施均可。

2. 作追肥

在作物幼苗期和抽穗期前，每亩用0.01%~0.1%水溶液250升左右，浇灌在作物根系附近。水田可随灌水时施用或水面泼施，能起到提苗、壮苗、促进生长发育等作用。追肥的时候，一定要按照说明书上的用量使用，浓度过高，会造成浪费，浓度过低，起不到应有的效果。对于芹菜、菠菜等叶菜类的蔬菜，一般在苗期追肥一次就可以了；而对于黄瓜、番茄、茄子等连续收获的果菜，可以在每茬收获后，冲施1次，有利于促进生长发育，延长结果期。

3. 叶面喷施

一般在作物花期喷施 2~3 次，每亩每次喷施量为 50 升，时间以 14—18 时为好，喷施浓度 0.01%~0.05%。

4. 浸种

用稀释液浸泡种子 5~8 小时。

5. 蘸根

一般移栽前用 0.05%~0.10% 的稀释溶液，浸根数小时后定植。

（三）含腐植酸水溶肥的注意事项

含腐植酸水溶肥可与大多数农药混用，但应避免与强碱性农药混用。对施肥时期要求相对较为严格，特别是叶面施肥，应选择在植物营养临界期施肥，才能发挥此类产品的最佳效果。避免直接冲施，要采取二次稀释法，以保证冲肥均匀，提高肥料利用率。还要严格控制施肥量，少量多次是最重要的原则。

五、含氨基酸水溶肥

（一）含氨基酸水溶肥概述

含氨基酸水溶肥是指以游离氨基酸为主体的，以适合植物生长所需比例，添加适量微量元素铜、铁、锰、锌、硼、钼或中量元素钙、镁而制成的液体或固体水溶肥，有微量元素型和钙元素型两种类型。

（二）含氨基酸水溶肥的施用方法

主要用于叶面施肥，也可用于浸种、拌种和蘸根。叶面喷肥，喷施浓度为 1 000~1 500 倍液，一般在作物旺盛生长期喷施 2~3 次；浸种，一般在稀释液中浸泡 6 小时左右，取出晾干后播种；拌种，将肥料用水稀释后均匀喷洒在种子表面，放置 6 小时后播种。

（三）含氨基酸水溶肥的注意事项

常用的生根剂类产品很多都是含氨基酸水溶肥，有些不良企业在肥料中添加某些激素类物质，但在标签上又不会标注出来，施用后很容易出现诸如植株旺长、后期早衰，甚至激素中毒等现象，影响作物的产量和品质。因此，要购买正规企业的产品，并按照标签上标注的用量来施用。选购时要根据作物的种类和生长时期来挑选。

第五章 有机肥料积制与施用

第一节 有机肥料的概念和作用

一、有机肥料的概念

有机肥料是我国农业生产中的一类重要肥料，有广义和狭义之分。

（一）广义上的有机肥料

广义上的有机肥料俗称农家肥，是指以各种动物、植物残体或代谢物为原材料制成，还包括饼肥（菜籽饼、棉籽饼、豆饼、芝麻饼、蓖麻饼、茶籽饼等）、堆肥、沤肥、厩肥、沼肥、绿肥等。主要目的是供应有机物质，借此来改善土壤理化性能，提供植物生长所需营养，改善土壤生态系统的循环。

（二）狭义上的有机肥料

狭义上的有机肥料专指以各种动物废弃物和植物残体为原材料，采用物理、化学、生物或三者兼有的处理技术，经过一定的加工工艺，消除其中的有害物质，达到无害化标准而形成的，具有符合国家法律法规及相关标准［如《有机肥料》（NY/T 525—2021）］的一类肥料。肥料中富含大量有益物质，包括多种有机酸、肽类以及氮、磷、钾在内的丰富的营养元素，为植物提供全面营养；肥料肥效时间长，可增加和更新土壤的有机质，促进微生物繁殖；改善土壤的理化性质和生物活性。

二、有机肥料的作用

有机肥料的作用主要体现在以下三方面。

（一）对土壤肥力的作用

1. 增加土壤保肥、保水能力

有机肥料在土壤溶液中解离出氢离子，具有很强的阳离子交换能力，施用有机肥料可增强土壤的保肥性能，降低氮磷钾等元素的流失。同时，有机肥降低土壤容重、形成团粒结构更容易吸附容纳水分。

2. 有机肥料还能增加土壤通气性和适耕性

改善土壤物理性状，有机肥料在腐解过程中产生羟基一类的配位体，与土壤黏粒表面或氢氧聚合物表面的多价金属离子相结合，形成团聚体，加上有机肥料的密度一般比土壤小，施入土壤的有机肥料能降低土壤的容重，改善土壤通气状况，减少土壤耕作阻力，使耕性变好。

3. 提高土壤生物活性和矿质元素的有效性，刺激作物生长

有机肥料是微生物取得能量和养分的主要来源，施用有机肥料，有利于土壤微生物活动，加快无效和迟效矿质元素的转化和活性，促进作物生长发育。同时，有机肥料中的生长激素能刺激作物生长。

4. 提高解毒效果，净化土壤环境

有机肥料中的腐殖酸有解毒作用，使土壤中有毒物质对作物的毒害可大大减轻或消失。有机肥料的解毒原因在于有机质能提高土壤阳离子代换量，增加对镉的吸附。

（二）对作物生长的作用

1. 对产量的影响

有机肥料养分全，富含作物生长所需养分，除了含有氮磷钾外，还含有钙、镁、硫、铁、铜、锌、钼、锰、氯等多种元素，

还含有刺激作物生长的物质，更有植物易于吸收的腐殖质，能源源不断地供给作物生长。此外，有机质在土壤中分解产生二氧化碳，可作为作物光合作用的原料，从而促进作物生长和提高产量。

2. 对品质的影响

有机肥料与化肥配合施用，可通过改善植物营养状况和生长条件对作物品质产生良好的影响。有机肥料营养全面，可改善土壤的透气透水能力，使植物的根系更发达，有利于叶片、花果的生长。有机肥能改善土壤结构，增强土壤蓄水保水能力，减少水分无效蒸发，提高保温效果，从而提高作物抗旱、抗寒和抗冻能力，使其在恶劣的气候条件下，能够较好地保持其内在品质和外观品质。

（三）对环境的作用

随着科技的进步和经济的发展，环境问题日益突出。化肥的过量使用造成了诸如土壤重金属和有毒元素的增加、酸化加剧等环境污染问题。有机肥料不仅减少了化肥和农药的施用量，还对被污染的土壤具有修复作用。此外，有机肥料的生产原料是畜禽粪便、农业废料、工业废料、生活垃圾等废弃物，对废弃物充分加以利用，不仅可以促进资源的可持续利用，变废为宝，还能够减缓废弃物对环境的不利影响。因此，有机肥料在减少环境污染方面发挥着至关重要的作用。

第二节 常见有机肥料的类型

一、粪尿类有机肥

（一）人粪尿

1. 人粪尿的积存

目前农村中一些传统的施肥习惯引起氮素的大量损失，并污染空气，如晒粪干和草木灰与人粪尿混施等。人粪尿中的铵态氮素在晒制粪干过程中，特别是夏季高温条件下几乎全部损失。而人粪尿与草木灰接触或混存，由于草木灰中的碳酸钾是碱性物质，会加速氨的挥发，增加氮损失。所以，应该改变这些旧习惯。

近年来，我国积极推进改厕工程、沼气工程。这些工程的实施，对于科学积存人粪尿并进行无害化处理具有重要作用。堆肥过程中产生 60~70℃ 的高温可杀虫杀菌，使人粪尿达到无害化标准。人粪尿腐熟后铵态氮含量可占全氮量的 80%，因此充分发挥人粪尿肥效的关键是贮存期间减少氮素损失。一般而言，加盖密封是减少氮素损失的有效途径。此外，在人粪尿中加入 3~4 倍细干土或者 1~2 倍草炭，可以起到较好的保氮效果。

在腐熟过程中，人粪尿中的氮素易挥发，为防止氮素的挥发和流失，提高人粪尿的肥效，需采用"固氮"的土方法，将其加工制作成硫酸铵液。操作方法是：按照一定比例（每 100 千克人粪尿，加 100 升水，再加 5~10 千克熟石膏粉）配制人粪尿稀释液，然后将其倒入不渗漏的池（坑）中，用稀泥密封好。经 10 天左右的发酵沤泡，即可制成硫酸铵液。运用这种土方法加工制作的硫酸铵液，是优质的基肥和追肥肥源，每 100 千克相当于 300 千克鲜人粪尿的肥效。

2. 人粪尿的施用

（1）施用方法。人粪尿可作种肥、基肥和追肥，最适用于追肥。作基肥一般每亩施用 500~1 000 千克；旱地作追肥时应用水稀释 3~4 倍，甚至 10 倍的稀薄人粪尿液浇施，然后盖土。水田施用时，宜先排干水，将人粪尿兑水 2~3 倍后泼入田中，结合中耕或耘田，使肥料为土壤所吸附，隔 2~3 天再灌水。人尿可用来浸种，有促进种子萌发、出苗早、苗健壮的作用，一般采用 5% 鲜人尿溶液浸种 2~3 小时。

（2）注意事项。腐熟时，要注意在沤制和堆腐过程中，切忌向人粪尿中加入草木灰、石灰等碱性物质，这样会使氮素变成氨气挥发损失。向沤制、堆制材料中加入干草、落叶、泥炭等吸收性能好的材料，可使氮素损失减少，有利于养分保存。不宜将人粪尿晒制成粪干，因为在晒制粪干的过程中，将损失40%以上的氮素，同时也污染环境。

人粪尿是以氮素为主的有机肥料。它腐熟快，肥效明显。由于数量有限，目前多集中用于菜地。人粪尿用于叶菜类、甘蓝、菠菜等蔬菜作物，增产效果尤为显著。人粪尿含有机质不多，且用量少，易分解，所以改土作用不大。人粪尿是富含氮素的速效肥料，但是含有机质、磷、钾等养分较少，为了更好地培肥地力，应与厩肥、堆肥等有机肥料配合施用。人粪尿适用于各种土壤和大多数作物。但在雨量少、又没有灌溉条件的盐碱土上，最好用水稀释后分次施用。人粪尿中含有较多的氯化钠，对氯敏感的作物（如马铃薯、瓜果、甘薯、甜菜等）不宜过多施用，以免影响产品的品质。

新鲜人尿宜作追肥，但应注意，在作物幼苗生长期，直接施用新鲜人尿有烧苗危害，需经腐熟兑水后施用。在设施蔬菜上施用，一定要施用腐熟的人粪尿，以防蔬菜氨中毒和传播病菌。

（二）家畜禽粪尿

1. 家畜禽粪尿有机肥的制作

家畜禽粪尿最常见的处理方法是高温好氧发酵堆肥处理，是目前实现农业废弃物无害化、减量化、资源化的有效途径。一般8～15天即可转化为无臭、无味、无虫卵的活性有机肥。

（1）使用鸡粪、猪粪、牛粪等畜禽粪便作原料发酵有机肥3吨。要求将100～150千克作物秸秆、茎叶等物料粉碎至2毫米以下，调节物料酸碱度为6.5左右，C/N比25∶1，含水量调整到40%（手握成团，指缝见水但不滴水珠，松手即散）。

（2）将约 2 千克发酵菌剂与物料充分混合均匀。搅拌时可用搅拌机或人工翻倒，如物料太干，可加水调节，最终应使物料干湿一致、松散、不留团块。

（3）将搅拌均匀的混合物堆成底宽 1.5 米、高 0.8~1 米、截面为三角形或梯形的长堆，上面加盖透气保湿的遮盖物。盖后喷水使其保持湿润，间隔 2~3 米，插上量程为 0~100℃ 的温度计，随时观察发酵温度。

（4）进入发酵期，当堆温达到 40℃ 以上时，实施第一次翻堆，此后每天应至少翻堆 1 次，根据温度变化适当增减翻堆次数和喷水，以保证温度不超过 65℃。一般夏季 20 小时、春秋 24 小时、冬季 36~48 小时即进入发酵期，待堆温开始下降，发酵结束。发酵期间的通风翻堆要彻底，失水过多时要及时补充水分。正常发酵时，物料的外观为棕色，质地疏松，气味有霉香，物料表面有少量的菌丝，含水量 30%~35%。

（5）将发酵好的有机肥均匀摊放在遮阴、通风的场地上晾晒、风干，避免阳光直射。当含水量小于 12% 时即可。

（6）成品可用编织袋包装，置于通风、阴凉、避光处保存。保质期为 1 年。

2. 家畜禽粪尿的施用

（1）家畜粪尿的施用。猪粪尿有较好的增产和改土效果，可作基肥、追肥，适用于各种土壤和作物。腐熟好的粪尿可用作追肥，但没有腐熟的鲜粪尿不宜作追肥。没有腐熟的鲜粪尿施到土壤以后，经微生物分解会产生大量二氧化碳，并产生发酵热，消耗土壤水分，大量施用对种子、幼苗、根系生长均有不利影响。此外，生粪下地还会导致短期使土壤有限的速效养分被微生物消耗，发生"生粪咬苗"现象。腐熟后的马粪适用于各种土壤和作物，用作基肥、追肥均可。由于马粪分解快，发热大，一般不单独施用，主要用作温床的发热材料。牛粪尿多用作基肥，适于各种土壤和农作物。羊粪尿同其他家畜粪尿一样，可作基肥、追肥，适用于各种土壤和作物。羊粪由于较其他家畜粪浓厚，在沙土和黏土地上施用均有良好的效果。

（2）禽粪的施用。禽粪适用于各种作物和土壤，不仅能增加作物的产量，而且还能改善农产品品质，是生产有机农产品的理想肥料。新鲜禽粪易招引地下害虫，因此必须腐熟。因其分解快，宜作追肥施用，如作基肥可与其他有机肥料混合施用。精制的禽粪有机肥每亩施用量不超过 2 000 千克，精加工的商品有机肥每亩用量 300~600 千克，并多用于蔬菜作物。

二、堆沤肥

（一）堆肥

堆肥是利用各种植物残体（作物秸秆、杂草、树叶）、泥炭、垃圾以及其他废弃物等为主要原料，混合人畜粪尿，在高温、多湿的条件下，经过发酵腐熟、微生物分解而制成的一种有机肥料。堆肥堆制过程中一般要经过发热、高温、降温及腐熟保温等阶段，微生物的好气分解是堆肥腐熟的重要保证。影响微生物活动的所有因子都会影响堆肥腐熟的效果，主要影响因子包括水分、空气、温度、堆肥材料以及酸碱度（pH 值）等，其中堆肥材料的 C/N 比以及酸碱度是影响腐熟程度的关键。

1. 堆肥的原料

堆肥按其原料性质可以分为不易分解的部分、促进分解的部分和吸收性强的部分。不易分解的物质主要是秸秆、杂草、垃圾等，这类物质纤维素、木质素、果胶含量较高，C/N 比较大，堆肥后主要为土壤提供丰富的能源物质和有机质、腐殖质。促进分解的物质主要是人畜粪尿、污水污泥、化学肥料等，这类物质能补充养分和添加促进腐熟的微生物，必要时添加石灰、草木灰等调节堆肥酸碱度。吸收性强的物质主要是指细土、泥炭、锯末等，这类物质主要吸收腐解过程中产生的氮素等，同时可以起到调节堆肥水分的作用。

2. 堆肥的条件

现代农业中，堆肥主要为了进行无害化处理、提高土壤有机物来源，消除直接施用秸秆等物质对农作物的毒害，而提供养分已经成为次要目的。其中，主要通过高温发酵杀灭寄生虫卵和各种病原菌达到无害化，利用其中的秸秆、杂草、垃圾中的含碳有机物来提高土壤有机物来源。堆肥主要应控制好水分、温度、通气、C/N比、酸碱度等几个条件。

3. 堆肥的堆制方法

堆肥按其堆制方法的不同可以分为高温堆肥和普通堆肥。

（1）高温堆肥。高温堆肥是有机肥料无害化处理的一个主要方法。秸秆、粪尿经过高温堆肥处理后，可以消灭各种有害物质如病菌、虫卵、草籽等的影响。高温堆肥还需要接种高温纤维素分解菌，设立通气装置来加快秸秆的分解，寒冷地区还应有防寒措施。高温堆肥有平地式和半坑式2种堆置的方式。

（2）普通堆肥。普通堆肥是在半厌氧条件下，不超过50℃的温度下腐熟而成的，堆肥的腐熟时间长达3~5个月。其缺点是不容易杀灭杂草种子、病虫卵等有害物质。堆积方法受季节等条件影响，分为有平地式、半坑式及地下式3种。

4. 堆肥的性质

堆肥中一般有机质含量占15%~25%，新鲜的堆肥大致含水分60%~65%，含N 0.4%~0.5%，P_2O_5 0.18%~0.26%，K_2O 0.45%~0.67%，C/N比（16~20）∶1。高温堆肥与普通堆肥相比，养分及有机质含量高。堆肥腐熟后有臭味，呈黑褐色，汁液棕色或无色。

高温堆肥在积制时以秸秆、杂草、泥炭等纤维质多的原料为主，混入的泥土少，加入的马粪和人粪尿较多。除C/N比比普通堆肥低外，高温堆肥比普通堆肥发酵温度高，腐熟快，可杀死病菌、虫卵和杂草种子；而且有机质、氮磷含量均比普通堆肥高。

5. 堆肥的施用

堆肥是一种完全肥料，富含有机质和各种营养物质，适合于各种土壤和作物，长期施用可以起到培肥改土的作用。堆肥属于热性肥料，腐熟的堆肥可以作追肥，半腐熟的堆肥作基肥施用。一般用量为 1~2 吨/亩。蔬菜作物由于生长期短，需肥快，应施用腐熟堆肥。施用堆肥的目的主要是为了提供有机质，一般不能完全代替其他肥料，特别是在丰产田里，农作物对氮、磷、钾需求较多，必须追施氮、磷、钾肥以补充堆肥中氮、磷、钾的供应不足。在不同土壤上施用堆肥应采用相应的方法，黏重土壤应施用腐熟的堆肥，沙质土壤则施用中等腐熟的堆肥。

(二) 沤肥

沤肥是嫌气性常温发酵，在我国南方地区较为普遍。与堆肥相比，沤肥材料无大的差异，但沤肥需在淹水条件下发酵，因此需加入过量水分。从腐解方式看，有机物料在厌氧条件下形成沼气后残留的沼气液（称为沼气肥），也属于沤肥。

1. 沤肥的制作

在屋旁或田角挖一个坑，坑深 1 米左右，将坑底加些石灰粉锤紧，或铺一层水泥，以免肥分从坑里渗漏，坑的大小根据原料而定。如果在水田沤制，坑要浅些，比田面低 20~30 厘米，坑的四周要做 12~16 厘米高的土埂，以免田里的水流入坑内，然后把草皮、杂草等原料倒进坑里，倒满以后浇些稀粪水和污水，材料要灌水淹没，让原料在嫌气条件下分解，以后每隔 7~10 天翻动一次。

要把沤肥制好，最好把以前沤制好的沤肥留一部分作引子，加引子的作用，好比做面包时加一点面种能使面发得快的道理一样。除此之外，还要加些含氮多的肥料，如人粪尿、硫酸铵、油饼等，以加速肥料的腐烂，提高沤肥的质量。

2. 沤肥的施用

腐熟的沤肥，颜色墨绿，质地松软，有臭气，肥效持久。沤肥的养分含量因材料种类和配比不同，变幅较大，用绿肥沤制比草皮沤制的养分含量高。沤肥适宜用作基肥，果树施用量一般为每亩 2 000~3 000 千克，施用时还应配以适量的氮肥和磷肥。

（三）秸秆还田利用

农作物秸秆作为肥料利用主要是通过秸秆还田技术。农作物秸秆还田主要有直接还田、间接还田和覆盖还田等方式。

1. 直接还田

农作物秸秆直接还田是将农作物收获后的地上秸秆和根茬直接粉碎回归土壤的做法。秸秆直接还田方式主要有秸秆粉碎翻压还田、覆盖免耕还田、高留茬还田、稻田整草还田或铡草还田、直接掩青等。目前推广面积最大的高留茬还田，约占秸秆直接还田总面积的 60%，机械粉碎翻压和覆盖还田分别占 22% 和 18%。

2. 间接还田

农作物秸秆间接还田有以下几种形式。

（1）过腹还田。秸秆先作饲料，经禽畜消化吸收后变成粪、尿还田。农作物光合作用的产物有一半以上存在于秸秆中，秸秆富含氮、磷、钾、钙、镁和有机质等，是一种具有多用途的可再生的生物资源。秸秆也是一种粗饲料。特点是粗纤维含量高（30%~40%），并含有木质素等。木质素虽不能为猪、鸡所利用，但却能被反刍动物牛、羊等牲畜吸收和利用。我国民间素有秸秆作粗饲料养畜的传统，但目前仅有 20% 的秸秆经过处理后用作饲料，大部分则切碎至 3~5 厘米长后直接饲喂家畜。随着秸秆青贮、氨化处理技术的提高和推广，将大大促进秸秆过腹还田的推广和应用。

（2）堆沤发酵还田。其形式有厌氧发酵和好氧发酵两种。厌氧发酵是把秸秆堆后，封闭不通风；好氧发酵是把秸秆堆后，在堆底或堆内设有通风沟。经发酵的秸秆可加速腐殖质分解制成质量较好的有机肥，作为基肥还田。

（3）秸秆气化废渣还田。"秸秆气化、废渣还田"是一种生物质热能气化技术。秸秆气化后，其生成的可燃性气体——沼气可作为农村生活能源集中供气，气化后形成的废渣经处理作为肥料还田。也可使秸秆经不完全燃烧后，炭化变成保留养分的草木灰作肥料还田。

3. 覆盖还田

秸秆覆盖还田就是秸秆粉碎后直接覆盖在地表。在小麦收割后，将切断的小麦秸秆不断进行翻耕犁田，直接点插玉米。麦秆覆盖地面后，可起到抗旱保墒的作用，在夏季高温高湿条件下，麦秆自行腐烂分解，有利于防涝，减少杂草滋生，给作物生长创造一个良好的生态环境，有利于增产。这种方式具有节省耕种费用、争取季节、保肥保水的优点，适合于灌溉条件较差的田地。

三、绿肥

绿肥是指用作肥料的绿色植物体，如苜蓿、满江红、水葫芦等。绿肥是传统的重要有机肥料之一。绿肥的类型很多，利用方式差异很大。按其来源可分为栽培型绿肥和野生型绿肥；按植物学划分为豆科绿肥和非豆科绿肥；按种植季节划分为冬季绿肥、夏季绿肥和多年生绿肥。

（一）常见绿肥作物的栽培

1. 紫云英

紫云英又叫红花草籽，豆科黄芪属，二年生草本植物。多在秋季套播于晚稻田中，作早稻的基肥。种植面积占全国绿肥面积的60%以上，是我国最重要的绿肥作物。

紫云英喜凉爽气候，适于排水良好的土壤。最适生长温度为15~20℃，种子在4~5℃时即可萌发生长。适宜生长的土壤水分为田间持水量的60%~75%，低于40%，生长受抑制。虽然有较强的耐湿性，但渍水对其生长不利，严重时甚至死亡。因此，播前开挖田间排水沟是必要的。当气温降低到-5~10℃时，易受冻害。对根瘤菌要求专一，特别是未曾种过紫云英的田块，拌根瘤菌剂是成败的关键。

紫云英固氮能力较强，盛花期平均每亩可固氮5~8千克。

紫云英的栽培方式在稻田、棉田或其他秋收作物地上套种，或与麦类、油菜、黄花苜蓿、蚕豆等混种或间作，或在旱地单种。

2. 箭筈豌豆

箭筈豌豆又叫野豌豆，豆科野豌豆属，一年生或二年生草本。原引自欧洲和澳大利亚，中国有野生种分布。广泛栽培于全国各地，多于稻、麦、棉田复种或间套种，也可在果、桑园中种植利用。

箭筈豌豆适应性较广，不耐湿，不耐盐碱，但耐旱性较强。喜凉爽湿润气候，在-10℃短期低温下可以越冬。种子含有氢氰酸（HCN），人畜食用过量会产生中毒现象。但经蒸煮或浸泡后易脱毒，种子淀粉含量高，可代替蚕豆、豌豆提取淀粉，是优质粉丝的重要原料。

3. 毛叶苕子

毛叶苕子又叫长柔毛野豌豆，豆科野豌豆属，一年生匍匐草本。20世纪40年代自美国引进，后又陆续自苏联和东欧等地引进部分品种。现广泛栽培利用于华北、西北、西南等地区和苏北、皖北一带。一般用于稻田复种或麦田间套种，也常间种于中耕作物行间和林果种植园中。

毛叶苕子具有较强的抗旱和抗寒能力。5℃时种子开始萌发，

15～20℃时生长最快，能耐短时间的−20℃低温。对土壤要求不严格，耐涝性差，以在排水良好的壤质土生长最好。

4. 香豆子

香豆子又叫胡芦巴、香草，豆科胡芦巴属的一年生直立草本。植株和种子均可食用，是很好的调味品。种子胚乳中有丰富的半乳甘露聚糖胶，广泛用于工业生产。植株和种子含有香豆素，是提取天然香精的重要原料，还是重要的药用植物。在我国西北和华北北部地区种植较普遍，多于夏秋麦田复种或早春稻田前茬种植，也可在中耕作物行间间种。

香豆子喜冷凉气候，忌高温，在水肥条件和排水良好的土壤上生长旺盛，不耐渍水和盐碱，也不耐寒，在−10℃低温时，越冬困难。

5. 金花菜

金花菜又叫南苜蓿、黄花草子，豆科苜蓿属，1～2 生草本。原产地中海地区，我国主要在长江中下游的江苏、浙江和上海一带秋季栽培，是水稻、棉花和果园、桑园的优良绿肥。其嫩茎叶是早春优质蔬菜，经济价值较高。

金花菜喜温暖湿润气候，可在轻度盐碱地上生长，也有一定的耐酸性，能在红壤坡地上种植。其耐旱、耐寒和耐渍能力较差，水肥条件良好时生长旺盛。

6. 蚕豆

蚕豆又叫胡豆、佛豆，豆科野豌豆属，一年生草本。原产欧洲和非洲北部，我国各地均有栽培，也是一种优良的粮、菜、肥兼用作物。主要于秋季或早春播种，多用于稻、麦田套种或中耕作物行间间种，摘青荚作蔬菜或收籽食用，茎秆和残体还田作肥料。

蚕豆喜温暖湿润气候，对水肥要求较高，不耐渍，不耐旱。

7. 菽麻

菽麻又叫太阳麻，豆科猪屎豆属，一年生草本。原产南亚，我国台湾最早引种，以后逐渐推广到全国各地。其前期生长十分迅速，多作为间套或填闲利用，也是一种重要的夏季绿肥。

菽麻喜温暖湿润气候，适宜生长温度为20~30℃。耐旱性较强，但不耐渍，以在排水良好的田块上种植为好。枯萎病是菽麻的一种主要病害，严重时几乎绝产，忌重茬连作。

8. 草木樨

草木樨豆科草木樨属，二年生直立草本。其种类很多，我国生产上常用的种类为二年生白花草木樨，主要在东北、西北和华北等地区栽培。多与玉米、小麦间种或复种，也可在经济林木行间或山坡丘陵地种植，保持水土。在南方多利用一年生黄花草木樨，主要在旱地种植，用作麦田或棉花肥料。

草木樨耐旱、耐寒、耐瘠性均很强。主根发达，可达2米以上，在干旱时仍可利用下层水分而正常生长。在−30℃时可越冬。在耕层土壤含盐量低于0.3%时，种子可出苗生长，成龄植株可耐0.5%以上的含盐量。草木樨养分含量高，不仅是优良的绿肥，也是重要的饲草。但植株含香豆素，直接用作饲草，牲畜往往需经短期适应。在高温高湿情况下，饲草易霉变，使香豆素转化为双香豆素，牲畜食后会发生中毒现象。

9. 满江红

满江红又叫红萍，槐叶蘋科满江红属，是一种繁殖系数很高的水生蕨类植物。其植物体管腔内有鱼腥藻与之共生，有较强的固氮能力。广泛用作稻田绿肥和饲饵料。

满江红对温度十分敏感，但种类不同，反应也不一样。蕨状满江红耐寒性较强，起繁温度为5℃左右，15~20℃为适宜生长温度，多在冬春放养；中国满江红和卡州满江红耐热性较强，起繁温度为10℃以上，适宜生长温度为20~25℃，多于夏季放养。

几种满江红配合放养，有利于延长放养期和提高产萍量。满江红耐盐性也较强，在 0.5% 含盐量的水中可以正常生长。其吸钾能力也强，在水中钾素含量很低的情况下，生长良好，是一种富钾的水生绿肥。

10. 田菁

田菁又叫向天蜈蚣，豆科田菁属，一年生木质草本。原产热带和亚热带地区。我国最早于台湾、福建、广东等地栽种，以后逐渐北移，现早熟品种可在华北和东北地区种植。其种子含有丰富的半乳甘露聚糖胶，是重要工业原料。

田菁喜高温高湿条件，种子在 12℃ 开始发芽，最适生长温度为 20~30℃。遇霜冻时，叶片迅速凋萎而逐渐死亡。其耐盐、耐涝能力很强，当土壤耕层全盐含量不超过 0.5% 时，可以正常发芽生长，但氯离子含量超过 0.3%，生长受抑制。成龄植株受水淹后仍能正常生长，受淹茎部形成海绵组织和水生根，并能结瘤和固氮，是一种改良涝洼盐碱地的重要夏季绿肥作物。

（二）绿肥的施用方式

1. 直接翻耕

绿肥直接翻耕以作基肥为主，间、套种的绿肥也可就地掩埋作为主作的追肥。翻耕前最好将绿肥切短，稍经暴晒，让其萎蔫，然后翻耕。先将绿肥茎叶切成 10~20 厘米长，然后撒在地面或施在沟里，随后翻耕入土壤中，一般入土 10~20 厘米深，沙质土可深些，黏质土可浅些。

2. 堆沤

加强绿肥分解，提高肥效，蔬菜生产上一般不直接用绿肥翻压，而是多用绿肥作物堆沤腐熟后施用。

3. 作饲料用

绿肥绿色体中的蛋白质、脂肪、维生素和矿物质，并不是土壤中不足而必须施给的养料，绿色体中的蛋白质在没有分解之前不能被作物吸收，而这些物质却是动物所需的营养，利用家畜、家禽、家鱼等进行过腹还田后，可提高绿肥利用率。

四、海肥

我国海岸线长，沿海生物繁盛，各地海产加工的废弃物如鱼、杂、虾糠，许多不能食用的海洋动物如海星、蝤蛑，以及海生植物如海藻、海青苔等都是良好的肥料。海肥的种类很多，一般分为动物性、植物性、矿物性三大类，其中动物性海肥种类多，数量大，使用广。

（一）动物性海肥

动物性海肥由鱼、虾、贝等水生动物的遗体或海产品加工的废弃物制作而成，含有丰富的 N、P、K、Ca 和有机质，以及各种微量元素。动物性海肥是以 N、P 为主的有机肥料，据相关研究数据，动物性海肥含 N $0.45\%\sim1.91\%$、P_2O_5 $0.14\%\sim0.48\%$、K_2O $0.11\%\sim0.51\%$、$CaCO_3$ $55\%\sim86\%$ 和部分有机质，既能供给作物生长利用，又能改善土壤性质。

动物性海肥包括鱼虾肥、贝壳肥、海胆肥等，以鱼虾类原料为主。鱼虾类海肥原料多为无食用价值的种类或加工后的废弃物，如头部、鱼鳞、尾部、鱼泡、内脏、刺骨和残留鱼肉等。这类海肥富含有机态氮素和磷素，氮素大部分呈蛋白质形态，磷素多为有机态或不溶性的磷化物，如磷脂和磷酸三钙。贝壳类海肥含有丰富的石灰质，分解后产生大量的碳酸钙成分，适用于酸性土壤或缺钙的土壤。海胆类海肥含有 N、P、K 和 $CaCO_3$ 成分，但养分含量较低。

动物性海肥通常不能直接施用，需压碎、脱脂或沤制待其腐烂、分解。一般在大缸或池内加原料和其质量 4~6 倍的水，搅拌均匀后加盖沤制 10~15 天，腐熟兑水 1~2 倍，混在堆肥、厩肥、土粪中腐解后施用。动物性海肥可作基肥或追肥，浇施或干施均可。纯鱼虾类肥施用量为 10~15 千克/亩；贝壳类海肥是优质的石灰质肥料，可掺入堆肥、厩肥中用于改良酸性土壤。

（二）植物性海肥

植物性海肥是指以海藻、海青苔和海带或海带提取碘以后余下的海带渣为原料，经过加工制作而成的有机肥料，含 N 1.4%~1.64%、P_2O_5 0.13%~0.42%、K_2O 1.21%~1.47%。海藻肥是天然的有机肥，对人、畜无害，对环境无污染，人们广泛利用的海藻主要是海藻中的红藻、绿藻和褐藻。海藻不含杂草种子及病虫害源，用作堆肥，可有效防止杂草及病虫害发生，对蔬菜、果树、粮食等作物具有普遍的增产效果。海带属于大型经济藻类，含有大量的高活性成分和天然植物生长调节剂，可刺激植物体内非特异性活性因子的产生，能促进作物生长发育，提高产量。作物施用海带肥后长势旺盛，可明显提高烟草、棉花、花卉等经济作物的品质，尤其是对大棚蔬菜，增产增值效果十分显著。

植物性海肥的制作步骤包括晾晒、粉碎（破壁）、提取或发酵、浓缩和干燥。具体的方法是先将海藻、海带或海青苔去沙后晒干或于 50~70℃ 下烘干至含水率 10% 左右，充分切碎，以 1：（15~20）的质量比溶于水，过滤后得浸提液，有条件也可以使用超声波破壁后过滤得浸提液，浸提液浓缩、干燥后制成高端植物性海肥。也可以将晒干切碎后的海藻、海带或海青苔物料，添加微生物发酵剂和水（含水率控制在 55%~65%），混匀堆制发酵，当堆温达到 50℃ 左右时翻堆，直至堆体无异味散发时为止。发酵完成后低温晾晒、干燥，使含水率降至 30% 以下，经筛分、造粒后制成可销售使用的普通商品海肥。由于海洋植物含盐分较多，制作肥料之前必须晒干。

海带渣肥既能充分利用工业生产过程中的废弃物，保护生态环境，又降低了农业生产成本。此肥料的制作过程是，将海带渣粗碎，调节含水率到55%左右，加入1%的市售玉米粉和3‰的市售微生物菌剂，进行堆肥发酵。每两天翻堆1~2次，使其保持微好氧发酵条件，发酵24~26天，发酵过程中注意用塑料泡沫、薄膜等密封保温。发酵完成后经干燥、造粒后既可生产成质量合格的有机肥，也可直接作基肥施用。

（三）矿物性海肥

矿物性海肥包括海泥、苦卤等。海泥盐分较多，质地细软，有腥味，由海中动、植物遗体和随江河水入海带来的大量泥土、有机质等淤积而成。苦卤是海水晒盐后的残液，主要含氯化镁、氯化钠、氯化钾及硫酸镁等成分。

1. 海泥

海泥中含有丰富的有机质及氮、磷、钾、铜、锌和锰等营养元素，是较为经济的有机肥源。海泥的养分含量与沉积条件有关，江河入海有避风港堆积而成的泥底，养分含量多；江河入海无避风港淤积而成的沙底，养分含量少。海泥类海肥可溶性 N、P 含量少，含 N 0.15%~0.61%、P_2O_5 0.12%~0.28%、K_2O 0.72%~2.25%、有机质 1.5%~2.8%，还有一定数量的还原性物质。由于海泥盐分多，应经晾晒使得其中有毒的还原性物质被氧化后再施用，或与堆肥、厩肥混合堆沤 10~20 天后作基肥或追肥施用。泥质海泥适用于沙质土壤，沙质海泥适用于黏性重的土壤，可以改良土壤，提高土壤保水、保肥能力。

2. 苦卤

苦卤组分复杂，所含成分及含量因产地、季节变化而不同，大致所含元素为：Mg 8%~10%、S 7%~11%、Cl 20%~25%、Na 11%~12%、K 1%~2%、B 100~200 毫克/千克，还有少量 P、Ca 及 Mn 等。苦卤肥一般与其他有机肥混合或堆沤后施用，也可以添加 N、P、K 等配制成复混肥施用。苦卤肥主要用于高度淋溶、高度风化的缺镁大田、蔬菜基地或大棚蔬菜中，但不宜用于排水不良的低洼地或盐碱地。

五、商品有机肥

(一) 商品有机肥的概念

商品有机肥是以植物和动物残体及畜禽粪便等富含有机物质的资源为主要原料，采用工厂化方式生产的有机肥料。商品有机肥主要有精制有机肥、生物有机肥、有机无机复混肥等，一般主要是指精制有机肥。

(二) 商品有机肥的技术指标

商品有机肥必须按肥料登记管理办法办理肥料登记，并取得登记证号，方可在农资市场上流通销售。商品有机肥外观要求褐色或灰褐色，粒状或粉状，无机械杂质，无恶臭。

(三) 商品有机肥的安全科学施用

商品有机肥一般作基肥施用，也可作追肥。一般每亩施用100~500千克。施用时应根据土壤肥力，推荐量有所不同。如果用作基肥时，最好配合氮磷钾复混肥，肥效会更佳。

第三节　有机肥料的施用技术

一、有机肥料施用方法

(一) 作基肥施用

1. 概念

有机肥料养分释放慢、肥效长，最适宜作基肥施用。在播种前翻地时施入土壤，一般叫底肥，有的在播种时施在种子附近，也叫种肥。

2. 施用方法

（1）全层施用。在翻地时，将有机肥料撒到地表，随着翻地将肥料全面施入土壤表层，然后耕入土中。这种施肥方法简单、省力，肥料施用均匀。

这种方法同时也存在很多缺陷。第一，肥料利用率低。由于采取在整个田间进行全面撒施，所以一般施用量都较多，但根系能吸收利用的只是根系周围的肥料，而施在根系不能到达部位的肥料则白白流失掉。第二，容易产生土壤障碍。有机肥中磷、钾养分丰富，而且在土壤中不易流失，大量施肥容易造成磷、钾养分的富集，造成土壤养分的不平衡。第三，在肥料流动性小的温室，大量施肥还会造成土壤盐浓度的增高。

该施肥方法适宜于种植密度较大的作物和用量大、养分含量低的粗有机肥料。

（2）集中施用。除了大量的粗杂有机肥料外，养分含量高的商品有机肥料一般采取在定植穴内施用或挖沟施用的方法，将其集中施在根系伸展部位，可充分发挥其肥效。集中施用并不是离定植穴越近越好，最好是根据有机肥料的质量情况和作物根系生长情况，采取离定植穴一定距离施肥，作为待效肥随着作物根系的生长而发挥作用。在施用有机肥料的位置，土壤通气性变好，根系伸展良好，还能使根系有效吸收养分。

从肥效上看，集中施用对发挥磷酸盐肥效最为有效。如果直接把磷酸盐施入土壤，有机肥料中速效态磷成分易被土壤固定，因而其肥效降低。腐熟好的有机肥料中含有很多速效性磷酸盐成分，为了提高其肥效，有机肥料应集中施用，减少土壤对速效态磷的固定。

沟施、穴施的关键是把养分施在根系能够伸展的范围内。因此，集中施用时施肥位置是重要的，施肥位置应根据作物吸收肥料的变化情况而加以改变。最理想的施肥方法是，肥料不要接触种子或作物的根，与根系有一定距离，作物生长到一定程度后才能吸收利用。

采用条施和穴施，可在一定程度上减少肥料施用量，但相对来讲施肥用工投入增加。

（二）作追肥施用

有机肥料不仅是理想的基肥，腐熟好的有机肥料含有大量速效养分，也可作追肥施用。人粪尿有机肥料主要以速效养分为主，作追肥更适宜。

追肥是作物生长期间一种养分补充供给方式，一般适宜进行穴施或沟施。

有机肥料作追肥应注意以下事项。

（1）有机肥料含有速效养分，但数量有限，大量缓效养分释放还需一过程，所以有机肥料作追肥时，同化肥相比追肥时期应提前几天。

（2）后期追肥的主要目的是满足作物生长过程对养分的极大需要，保证作物产量，有机肥料养分含量低，当有机肥料中缺乏某些成分时，可施用适当的单一化肥加以补充。

（3）制定合理的基肥、追肥分配比例。地温低时，微生物活动弱，有机肥料养分释放慢，可以把施用量的大部分作为基肥施用；而地温高时，微生物活动能力强，如果基肥用量太多，定植前，肥料被微生物过度分解，定植后，立即发挥肥效，有时可能造成作物徒长。所以，对高温栽培作物，最好减少基肥施用量，增加追肥施用量。

（三）作育苗肥施用

现代农业生产中许多作物栽培，均采用先在一定的条件下育苗，然后在本田定植的方法。育苗对养分需要量小，但养分不足不能形成壮苗，不利于移栽，也不利于以后作物的生长。充分腐熟的有机肥料，养分释放均匀，养分全面，是育苗的理想肥料。一般以10%的发酵充分的有机肥料加入一定量的草炭、蛭石或珍珠岩，用土混合均匀作育苗基质使用。

（四）有机肥料作营养土

温室、塑料大棚等保护地栽培中，多种植一些蔬菜、花卉和特种作物。这些作物经济效益相对较高，为了获得好的经济收入，应充分满足作物生长所需的各种条件，常使用无土栽培。

传统的无土栽培是以各种无机化肥配制成一定浓度的营养液，浇在营养土或营养钵等无土栽培基质上，以供作物吸收利用。营养土和营养钵，一般采用泥炭、蛭石、珍珠岩、细土为主要原料，再加入少量化肥配制而成。在基质中配上有机肥料，作为供应作物生长的营养物质，在作物的整个生长期中，隔一定时期往基质中加一次固态肥料，即可以保持养分的持续供应。用有机肥料的使用代替定期浇营养液，可减少基质栽培浇灌营养液的次数，降低生产成本。

营养土栽培的一般配方为：0.75 米³ 草炭、0.13 米³ 蛭石、12 米³ 珍珠岩、3.00 千克石灰石、1.0 千克过磷酸钙（20% P_2O_5）、1.5 千克复混肥（15∶15∶15）、10.0 千克腐熟的有机肥料。不同作物种类，可根据作物生长特点和需肥规律，调整营养土栽培配方。

二、有机肥料的科学施用

施肥的最大目标就是通过施肥改善土壤理化性状，协调作物生长环境。充分发挥肥料的增产作用，不仅要协调和满足当季作物增产对养分的要求，还应保持土壤肥力，维持农业可持续发展。土壤、植物和肥料三者之间，既互相关联，又相互影响、相互制约。科学施肥要充分考虑三者之间的相互关系，针对土壤、作物合理施肥。

（一）因土施肥

1. 根据土壤肥力施肥

土壤肥力是土壤供给作物不同数量、不同比例养分，适应作物生长的能力。它包括土壤有效养分供应量、土壤通气状况、土壤保水保肥能力、土壤微生物数量等。

土壤肥力高低直接决定着作物产量的高低，首先应根据土壤肥力确定合适的目标产量。一般以该地块前三年作物的平均产量增加 10% 作为目标产量。

根据土壤肥力和目标产量的高低确定施肥量。对于高肥力地块，土壤供肥能力强，适当减少底肥比例，增加后期追肥的比例；对于低肥力土壤，土壤供应养分量少，应增加底肥的用量，后期合理追肥。尤其要增加低肥力地块底肥中有机肥料的用量，有机肥料不仅要提供当季作物生长所需的养分，还可培肥土壤。

2. 根据土壤质地施肥

根据不同质地土壤中有机肥料养分释放转化性能和土壤保肥性能不同，应采用不同的施肥方案。

沙土土壤肥力较低，有机质和各种养分的含量均较低，土壤保肥保水能力差，养分易流失。但沙土有良好的通透性，有机质分解快，养分供应快。沙土应增施有机肥料，提高土壤有机质含量，改善土壤的理化性状，增强保肥、保水性能。但对于养分含量高的优质有机肥料，一次使用量不能太多，使用过量也容易烧苗，转化的速效养分也容易流失，养分含量高的优质有机肥料可分底肥和追肥多次使用。也可深施大量堆腐秸秆和养分含量低、养分释放慢的粗杂有机肥料。

黏土保肥、保水性能好，养分不易流失，但土壤供肥慢，土壤紧实，通透性差，有机成分在土壤中分解慢。黏土地施用的有机肥料必须充分腐熟；黏土养分供应慢，有机肥料应早施，可接近作物根部。

旱地土壤水分供应不足，阻碍养分在土壤溶液中向根表面迁移，影响作物对养分的吸收利用。应大量增施有机肥料，增加土壤团粒结构，改善土壤的通透性，增强土壤蓄水、保水能力。

（二）根据作物需肥规律施肥

不同作物种类、同一种类作物的不同品种对养分的需要量及其比例、对养分的需要时期、对肥料的忍耐程度等均不同，因此在施肥时应充分考虑每一种作物的需肥规律，制订合理的施肥方案。

1. 蔬菜类型与施肥方法

（1）需肥期长、需肥量大的类型。这种类型的蔬菜，初期生长缓慢，中后期生长迅速，从根或果实的肥大期至收获期，需要提供大量养分，维持旺盛的长势。西瓜、南瓜、萝卜等生育期长的蔬菜，大都属于这种类型。这些蔬菜的前半期，只能看到微弱的生长，一旦进入成熟后期，活力增大，旺盛生长。

从养分需求来看，前期养分需要量少，应重在作物生长后期多追肥，尤其是氮肥，但由于作物枝叶繁茂，后期不便施有机肥料。因此，有机肥最好还是作为基肥，施在离根较远的地方，或是作为基肥进行深施。

（2）需肥稳定型。收获期长的番茄、黄瓜、茄子等茄果类蔬菜，以及生育期长的芹菜、大葱等，生长稳定，对养分供应也要求稳定持久。前期要稳定生长形成良好根系，为后期的植株生长奠定好的基础。后期是开花结果时期，既要保证好的生长群体，又要保证养分向果实转移，形成品质优良的产品。因此这类作物底肥和追肥都很重要，既要施足底肥以保证前期的养分供应，又要注意追肥以保证后期养分供应。一般有机肥料和磷、钾肥均作底肥施用，后期注意追氮、钾肥。同样是茄果类蔬菜，番茄、黄瓜是边生长边收获，而西瓜和甜瓜则是边抑制藤蔓疯长边瓜膨大，故两类作物的施肥方法不同。两者的共同点是多施有机肥作底肥，不同点是在追肥上，西瓜、甜瓜应采用少量多次的原则。

（3）早发型。这类型作物是需要在初期就开始迅速生长的蔬菜。像菠菜、生菜等生育期短、一次性收获的蔬菜就属于这个类型。这些蔬菜若后半期氮素肥效过大，则品质恶化。所以，应以基肥为主，施肥位置也要浅一些，离根近一些为好。白菜、圆白菜等结球蔬菜，既需要良好的初期生长，又需要其后半期也有一定的长势，保证结球紧实，因此后半期也应追少量氮肥，保证后期的生长。

2. 根据栽培措施施肥

（1）根据种植密度施肥。密度大可全层施肥，施肥量大；密度小，应集中施肥，施肥量减小。果树按棵集中施肥。行距较大但株距小的蔬菜或经济作物，可按沟施肥；行、株距均较大的作物，可按棵施肥。

（2）注意水肥配合。肥料施入土后，养分的保存、移动、吸收和利用均离不开水，施肥后应立即浇水，防止养分的损失，提高肥料的利用率。

（3）根据栽培设施施肥。保护地为密闭的生长环境，应使用充分腐熟的有机肥料，以防有机肥料在大棚内二次发酵，造成氨气富集而烧苗。由于保护地内没有雨水的淋失，土壤溶液中的养分在地表富集容易产生盐害，因此有机肥料、化肥一次使用量不要过多，而且施肥后应配合浇水。

（三）有机肥料与化肥配合

有机肥料虽然有许多优点，但是它也有一定的缺点，如养分含量少、肥效迟缓、当年肥料中氮的利用率低（20%～30%），因此在作物生长旺盛、需要养分最多的时期，有机肥料往往不能及时供给养分，常常需要用追施化学肥料的办法来解决。有机肥料和化学肥料的特点如下。

有机肥料的特点：①含有机质多，有改土作用；②含多种养分，但含量低；③肥效缓慢，但持久；④有机胶体有很强的保肥能力；⑤养分全面，能为增产提供良好的营养基础。

化学肥料的特点：①能供给养分，但无改土作用；②养分种类单一，但含量高；③肥效快，但不能持久；④浓度大，有些化肥有淋失问题；⑤养分单一，可重点提供某种养分，弥补其不足。

因此，为了获得高产，提高肥效，就必须有机肥料和化学肥料配合使用，以便取长补短，缓急相济。而单方面地偏重于有机肥或无机肥，都是不合理的。

第六章　测土配方施肥

第一节　测土配方施肥概述

一、测土配方施肥的概念

农作物生长的根基是土壤，植物养分中的 60%~70% 是从土壤中吸收的。而测土配方施肥技术是一种有效的施肥手段。它协调和解决了作物需求、土壤供应和土壤培肥这 3 个方面的关系，实现了各种养分全面均衡供应，最终达到优质高产、节支增收的目的。

测土配方施肥是农业技术人员运用现代农业的科学理论和先进的测试手段，为农业生产单位或农户提供科学施肥指导和服务的一种技术系统。所谓测土配方施肥就是指：以土壤养分测试和肥料田间试验为基础，根据作物需肥规律、土壤供肥性能和肥料性质及肥料利用率，在合理施用有机肥的基础上，提出氮、磷、钾及中量、微量元素等肥料的施用品种、数量、施肥时期和施用方法，以满足作物均衡地吸收各种营养，同时维持土壤的肥力水平，减少养分流失和对土壤的污染，达到高产、优质和高效的目的。

测土配方施肥的主要内容概括为 6 个字，3 个步骤，即"测土—配方—施肥"。

"测土"是配方施肥的基础，也是制定肥料配方的重要依据。能否将肥料施好，首先看能否将"测土"这个步骤做好，因此这一步很关键。它包括取土和化验分析两个环节，具体开展时要根据测土配方施肥的技术要求、作物种植和生长情况，选取重点区域、代表性地块进行有针对性地取样分析，这样才能正确测定土壤中的有关营养元素、摸清土壤肥力的详细情况，掌握好土壤的供肥性能。

"配方"是配方施肥的重点。就是根据土壤中营养元素的丰缺情况和目标产量等问题提出施肥的种类和数量。即经过对土壤的营养诊断，按照庄稼需要的营养种类和数量"开出药方并按方配药"。这一步骤既是关键又是重点，是整个技术的核心环节。其中心任务是根据土壤养分供应状况、作物状况和产量要求，在生产前的适当时间确定出施用肥料的配方，即肥料的品种、数量与肥料的施用时间、施用方式和方法。

"施肥"是配方施肥的最后一步，就是依据农作物的需肥特点制定出基肥、种肥和追肥的用量，合理安排基肥、种肥和追肥的比例、规定施用时间和方法，以发挥肥料的最大增产作用。具体实施时有两种选择途径：一是直接使用已经制定好的配方肥料，由肥料经销商向农民供应制好的配方肥，使农民用上优质、高效、方便的"傻瓜肥"，省去个人配肥的烦琐工作。二是针对示范区农户地块和作物种植状况，制定"测土配方施肥建议卡"，在建议卡上写明具体的各种肥料种类及数量，农民可以根据配方建议卡自行购买各种肥料并配合施用。特别需要注意的是，这里所说的肥料应当包括农家肥和化肥的配合施用。

二、测土配方施肥的内容

（一）田间试验

田间试验是获得各种作物最佳施肥量、施肥时期、施肥方法的根本途径，也是筛选、验证土壤养分测试技术、建立施肥指标体系的基本环节。通过田间试验，掌握各个施肥单元不同作物的优化施肥量，基、追肥分配比例，施肥时期和施肥方法；摸清土壤养分校正系数、土壤供肥量、农作物需肥参数和肥料利用率等基本参数；构建作物施肥模型，为施肥分区和肥料配方提供依据。

（二）土壤测试

测土是制定肥料配方的重要依据之一，随着我国种植业结构不断调整，高产作物品种不断涌现，施肥结构和数量发生了很大的变化，土壤养分库也发生了明显改变。通过开展土壤氮、磷、钾、有机质等养分测试，了解土壤供肥能力状况。

1. 碱解氮的测定方法

测定土壤中碱解氮的含量采用扩散法进行测定。称取过 2 毫米筛孔的风干土样 2 克，加上 1 克硫酸亚铁置于扩散皿外室，再加入硼酸指示剂 2 毫升，充分反应后用稀硫酸滴定。同时做空白实验，每个样品重复实验 3 次。

2. 速效磷的测定

测定土壤中速效磷的含量采用钼锑抗比色法进行测定。称取过 1 毫米筛孔的风干土样 2.5 克，加小半勺无磷活性炭溶于 50 毫升碳酸氢钠中，充分摇匀过滤后，吸取待测液与显色剂，摇匀后在波长为 660 纳米的分光光度计下进行比色。依据标准曲线计算土壤中磷的含量。每个样品重复实验 3 次。

3. 速效钾的测定

测定土壤中速效钾的含量采用乙酸铵浸提——火焰光度计法进行测定。称取过 1 毫米筛孔的风干土样 5 克溶于 50 毫升乙酸铵，恒温振荡后过滤制备待测液，以空白为对照，取浸提液用火焰光度计直接进行测定。依据标准曲线计算出土壤中钾的含量。

4. 有机质的测定

土壤中有机质含量的测定采用重铬酸钾外加热法进行测定，对称取的土样进行消煮后转至三角瓶中，用硫酸亚铁滴定。

5. 土壤容重、电导率和 pH 值的测定

土壤的容重采用环刀法进行测定，电导率和 pH 值的测定直接用酸度计和电导仪进行测定。

（三）配方设计

肥料配方环节是测土配方施肥工作的核心。通过总结田间试验、土壤养分数据等，划分不同区域施肥分区；同时，根据气候、地貌、土壤、耕作制度等相似性和差异性，结合专家经验，提出不同作物的施肥配方。

（四）校正试验

为保证肥料配方的准确性，最大限度地减少配方肥料批量生产和大面积应用的风险，在每个施肥分区单元，设置配方施肥、农户习惯施肥、空白对照 3 个处理，以当地主要作物及其主栽品种为研究对象。对比配方施肥的增产效果，校验施肥参数，验证并完善肥料配方，改进测土配方施肥技术参数。

（五）配方加工

配方落实到农户田间是提高和普及测土配方施肥技术的最关键环节。目前不同地区有不同的模式，其中最主要的也是最具有市场前景的运作模式就是市场化运作、工厂化生产、网络化经营。这种模式适应我国农村农民科技素质低、土地经营规模小、技物分离的现状。

（六）示范推广

为促进测土配方施肥技术能够落实到田间地头，既要解决测土配方施肥技术市场化运作的难题，又要让广大农民亲眼看到实际效果，这是限制测土配方施肥技术推广的"瓶颈"。建立测土配方施肥示范区，为农民创建窗口，树立样板，全面展示测土配方施肥技术效果。推广"一袋子肥"模式，将测土配方施肥技术物化成产品，打破技术推广"最后一公里"的"坚冰"。

(七) 宣传培训

测土配方施肥技术宣传培训是提高农民科学施肥意识、普及技术的重要手段。农民是测土配方施肥技术的最终使用者，迫切需要向农民传授科学施肥方法和模式，同时还要加强对各级技术人员、肥料生产企业、肥料经销商的系统培训，逐步建立技术人员和肥料商持证上岗制度。

(八) 效果评价

农民是测土配方施肥技术的最终执行者和落实者，也是最终的受益者。检验测土配方施肥的实际效果，及时获得农民的反馈信息，不断完善管理体系、技术体系和服务体系。同时，为科学地评价测土配方施肥的实际效果，必须对一定的区域进行动态调查。

(九) 技术创新

技术创新是保证测土配方施肥工作长效性的科技支撑。重点开展田间试验方法、土壤养分测试技术、肥料配制方法、数据处理方法等方面的研发工作，不断提升测土配方施肥技术水平。

三、测土配方施肥的原则

(一) 根据植物养分需求特性施用

不同农作物其营养特性不尽相同，这主要体现在以下几个方面：首先体现在作物对养分种类和数量的不同要求上，如谷类作物和以茎叶生产为主的麻、桑、茶及蔬菜作物，需要较多的氮，烟草和薯类作物喜钾忌氯，油菜、棉花和糖用甜菜需硼较多等。其次体现在对养分形态反应的不同上，如水稻和薯类作物，施用铵态氮较硝态氮效果好，棉花和大麻喜好硝态氮，烟草施用硝态氮利于其可燃性的提高等。再次体现在养分吸收能力不同，如同一类型土壤中，禾本科植物吸收钾素的能力强，而豆科植物则吸收钙、镁等元素的能力较强。最后，同一作物不同品种营养特性存在差异，如冬小麦中，狭叶、硬秆及植株低的品种，较其他品种养分需求量大，耐肥力强。因而配方肥在施用过程中要充分考虑作物的这些特性，做到有针对性地施用肥料。

（二）根据土壤条件施用

土壤理化性状极其复杂，决定了其养分含量、质地、结构及酸碱性的不同，因而也影响着配方肥施用后的效果。因而配方肥在施用过程中也要充分考虑这些因素。如在氮、磷元素缺乏，而钾素含量高的土壤，选用氮、磷含量高，无钾或低钾的配方肥。养分含量低、黏粒缺乏的沙质壤土中，施用有机肥或在土壤中移动性小的专用配方肥；而黏粒含量高、有机无机胶体丰富、养分吸附能力强的黏质土壤，则宜施用移动能力强的配方肥。土壤酸碱度对养分形态和可溶性影响较大，因而也是配方肥施用过程中不得不考虑的因素，如偏碱的土壤宜选用水溶性磷肥作原料的专用配方肥；酸性土壤中，宜选用弱酸性磷肥或以难溶性磷作原料的配方肥。

（三）根据气候条件施用

气候条件中对肥料起主要影响作用的是降雨和温度。高温多雨的地区或季节，有机肥分解快，可施用一些半腐熟的有机肥，无机配方肥用量不宜过多，尽量避免施用以硝态氮为原料的配方肥，以免随水下渗，淋出耕作层，造成资源的浪费和环境污染。温度低、雨量少的地区和季节，有机肥分解慢，肥效迟，可施用腐熟程度高的有机肥或速效专用肥，且施用时间宜早不宜晚。

（四）根据配方肥的性质施用

配方肥种类较多，因而在施用过程中要充分考虑其养分种类与比例、养分含量与形态、养分可溶性与稳定性等因素。如铵态氮配方肥可作基肥也可作追肥，且应覆土深施，以防氨挥发损失，硝态氮配方肥一般作追肥，不作基肥，也不宜在水田中施用。含水溶性磷的配方肥，基肥和追肥都可以使用，也可作根外追肥，适宜在吸磷能力差的作物上使用，而含有难溶性磷或弱酸性的配方肥，一般只作基肥不作追肥。

（五）根据生产条件和技术施用

配方肥要达到好的施用效果，不可避免地要与当地生产习惯和经验结合，与当地生产力水平相配合，在肥料配方原料的选择上，尽量考虑当地丰富、容易获得的原料，施肥措施方面尽量结合当地较成熟的方法与技术。肥料在施用的同时，做到与耕作、灌溉和病虫害防治等农艺措施的有机结合。如耕翻土地过程中结合配方肥的分层施用，可以有效补充下部壤土的养分，促进土壤平衡供肥。结合灌溉施用液态或可溶性配方肥，可促进养分溶解和向根迁移，利于吸收。配方肥施用与病虫害防治相结合，可有效降低植株病虫害的发生率，促进植株对养分的吸收，充分发挥肥效。

第二节 测土配方施肥的方法

一、目标产量配方法

目标产量配方法是根据作物产量的构成，按照土壤和肥料两方面供应养分的原理来计算施肥量。目标产量确定后，根据需要吸收多少养分才能达到目标产量，来计算施肥量。此方法又可分为养分平衡法和地力差减法，两者的区别在于计算土壤供肥量的不同。

（一）养分平衡法

养分平衡法，是通过施肥达到作物需肥和土壤供肥之间养分平衡的一种配方施肥方法。其具体内容是：用目标产量的需肥量减去土壤供肥量，其差额部分通过施肥进行补充，以使作物目标产量所需的养分量与供应养分量之间达到平衡。

（二）地力差减法

地力差减法是利用目标产量减去地力产量来计算施肥量的一种方法。地力产量就是作物在不施任何肥料的情况下所得到的产量，又称空白产量。

二、地力分区（级）配方法

地力分区（级）配方法的主要内容有两方面，首先根据地力情况，将田地分成不同的区或级，然后再针对不同区或级田块的特点进行配方施肥。

（一）根据地力分区（级）

分区（级）的方法，可以根据测土配方施肥土壤样本检测数据，按土壤养分测定值高低，划分出高、中、低不同的地力等级；也可以根据产量基础，划分若干肥力等级。在较大的区域内，可以根据测土配方施肥耕地地力评价，对农田进行分区划片，以每一个地力等级单元作为配方区。

（二）根据地力等级配方

由于不同配方区的地力差异，应在分区的基础上，针对不同配方区的特点，根据土壤样点分析数据及田间试验结果，以及当地群众的实践经验，制定出适合不同配方的适宜肥料种类、用量和具体的实施方法。

三、田间试验配方法

选择有代表性的土壤，应用正交、回归等科学的试验设计，进行多年、多点田间试验，然后根据对试验资料的统计分析结果，确定肥料的用量和最优肥料配合比例的方法称为田间试验法。

（一）肥料效应函数法

不同肥料施用量对作物产量的影响，称为肥料效应。施肥量与产量之间的函数关系可用肥料效应方程式表示。此法一般采用单因素或双因素多水平试验设计为基础，将不同处理得到的产量进行数理统计，求得产量与施肥量之间的函数关系（即肥料效应方程式）。对方程式的分析，不仅可以直观地看出不同元素肥料的增产效应，以及其配合施用的联应效果，而且还可以分别计算出肥料的经济施用量（最佳施用量）、施肥上限和施肥下限，作为建议施肥量的依据。

（二）养分丰缺指标法

对不同作物进行田间试验，如果田间试验的结果验证了土壤速效养分的含量与作物吸收养分的数量之间有良好的相关性，就可以把土壤养分的测定值按一定的级差划分成养分丰缺等级，提出每个等级的施肥量，制成养分丰缺及所施肥料数量检索表，然后只要取得土壤测定值，就可对照检索表按级确定肥料施用量，这种方法被称为养分丰缺指标法。

为了制定养分丰缺指标，首先要在不同土壤田地上安排田间试验，设置全肥区（如 N、P、K）或缺肥区（如 N、P）两个处理，最后测定各试验地土壤速效养分的含量，并计算不同养分水平下的相对产量（即 NP/NPK×100）。相对产量越接近 100%，施肥的效果越差，说明土壤所含养分丰富。在实践中一般以相对产量作为分级标准。通常的分级指标是：相对产量大于 95% 归为"极丰"，85%～95% 为"丰"，75%～85% 为"中"，50%～75% 为"缺"，小于 50% 为"极缺"。在养分含量极缺或缺的田块施肥，肥效显著，增产幅度大；在养分含量中等的田块，肥效一般。可增产 10% 左右；在养分含量丰富或极丰富田块施肥，肥效极差或无效。

（三）氮、磷、钾比例法

通过田间试验，确定氮、磷、钾三要素的最适用量，并计算出三者之间的比例关系。在实际应用时，只要确定了其中一种养分的用量，然后按照各种养分之间的比例关系，再决定其他养分的肥料用量，这种定肥方法叫氮、磷、钾比例法。

配方施肥的 3 类方法可以互相补充，并不互相排斥。形成一种具体的配方施肥方案时，可以其中一种方法为主，参考其他方法，配合运用，这样可以吸收各种方法的优点，消除或减少采用一种方法的缺点，在产前确定更加符合实际的肥料用量。

第三节 主要作物的测土配方施肥技术

一、大豆的测土配方施肥技术

（一）大豆需肥量

大豆吸收肥料的特点大豆一生分为 3 个时期，种子萌发到始花之前为前期，始花至终花为中期，终花至成熟为后期。大豆吸氮高峰在开花盛期，吸磷高峰在开花到结荚期，但幼苗期对磷十分敏感，吸收钾的高峰在结荚期。大豆整个生育期对氮肥的吸收是"少、多、少"，而对磷的吸收是"多、少、多"。因此，必须重视花期供氮，而磷肥以作基肥和种肥为好。大豆施肥要求亩施氮 2~5 千克、磷 5~7.5 千克、钾 7.5~10 千克。

（二）大豆肥料的分配与施用

大豆氮肥可作基肥、种肥或追肥，磷肥以一次作基肥或种肥施用，钾肥多作基肥施用。

1. 基肥和种肥

基肥以农家肥为主，混施磷、钾肥。

种肥在未施基肥或基肥数量较少条件下施用。一般每亩施过磷酸钙 10~15 千克和硝酸铵 3~5 千克，或磷酸二铵 5 千克左右。施肥深度 8~10 厘米，距离种子 6~8 厘米为好。

2. 追肥

大豆是否追施氮肥，取决于前期的施肥情况。如果基肥种肥均未施而土壤肥力水平又较低时，可在初花期施少量氮肥，一般每亩施尿素 4~5 千克或硝铵 5~10 千克，追肥时应与大豆植株保持距离 10 厘米左右。土壤缺磷时在追肥中还应补施磷肥，磷酸二铵是大豆理想的氮磷追肥。在土壤肥力水平较高的地块，不要追施氮肥。根外追肥可在盛花期或终花期。多用尿素和钼酸铵。尿素亩施 1~2 千克，磷酸二氢钾 75~100 克，加水 40~50 千克。

3. 补肥

（1）补锌。播种时每亩配施 0.5~1 千克硫酸锌或用 0.2%~0.3%硫酸锌溶液在苗期、初花期叶面喷施。土壤有效硼含量在低于 0.5 毫克/升，施硼效果显著。可用 0.1%浓度的硼酸或硼砂作根外喷施。

（2）补钼。钼肥可拌种，作种肥或根外深施。拌种：每千克种子用 1~2 克钼酸铵放入瓷盆加水溶解，其水量以能拌湿种子而又不剩肥液为度，阴干后播种。根外施肥：用 0.05%~0.1%钼酸铵，每亩 50 千克溶液，在苗期至开花前喷施。种肥：每亩 10 克钼酸铵加水溶解与磷酸钾或农家肥混合作种肥沟施或穴施。

二、玉米的测土配方施肥技术

（一）玉米需肥量

玉米对氮、磷、钾吸收数量受土壤、肥料、气候及种植方式的影响，有较大变化。一般来说，每生产 100 千克玉米籽粒需要从土壤中吸收氮素（N）2.5~4.0 千克，磷（P_2O_5）1.1~1.4 千克，钾（K_2O）3.2~5.5 千克，其比例为 1:0.4:1.3。

玉米一生中吸收的氮最多，钾次之，磷最少。在不同的生育阶段，玉米对氮、磷、钾的吸收是不同的。夏玉米由于生育期短，吸收氮的时间较早，吸收速度较快，苗期吸收量占总量的10%左右，拔节孕穗期吸收量占总量的76%左右，抽穗至成熟期吸收量占总量的14%左右。

夏玉米对磷的吸收也较早，苗期吸收10%左右，拔节孕穗期吸收63%左右，抽穗受精期吸收17%左右，籽粒形成期吸收10%左右。

玉米对钾素的吸收是：在抽穗前有70%以上被吸收，抽穗受精时吸收30%。玉米干物质累积与营养水平密切相关，对氮、磷、钾三要素的吸收量都表现出苗期少，拔节期显著增加，孕穗到抽雄期达到最高峰的需肥特点。因此玉米施肥应根据这一特点，尽可能在需肥高峰期之前施肥。

（二）玉米肥料的分配与施用

由于夏玉米播种时农时紧，有许多地方无法给玉米整地和施入基肥，大都采用免耕直接播种，但夏玉米幼苗需要从土壤中吸收大量的养分，所以夏玉米追肥十分重要，追肥时还应考虑追肥量在不同时期的分配，只有选择最佳的施用时期和用量，才会获得最好的增产效果。夏播玉米一般不施有机肥，可利用冬小麦有机肥的后效。夏玉米化肥用量每亩施纯氮12~17千克，五氧化二磷2~5千克，氧化钾6~9千克。

1. 基肥和种肥

基肥和种肥占总量的50%左右，基、种肥在播种时施入，或播种后在播种沟一侧施入。施肥深度一般在5厘米以下，不能离种子太近，防止种子与肥料接触发生烧苗现象。在缺锌土壤上可每亩施硫酸锌1~2千克。

2. 追肥

（1）苗肥。主要是促进发根壮苗，奠定良好的生育基础。

苗肥一般在幼苗 4~5 叶期施用，或结合间（定苗）、中耕除草施用，应早施、轻施或偏施。基肥不足、幼苗生长细弱的应及早追施苗肥，反之，则可不追或少追苗肥。

（2）拔节肥。是指拔节前后 7~9 叶期的追肥，这次施肥是为了满足拔节期间植株生长快，对营养需要日益增多的要求，达到茎秆粗壮的目的。但又要注意不要营养生长过旺，基部节间过分伸长，易造成倒伏，所以要稳施拔节肥，施肥量一般占追肥量的 20%~30%，应注意弱小苗多施，以促进全田平衡生长。

（3）穗肥。是指雄穗发育至四分体期，正值雌穗进入小花分化期的追肥，这一时期是决定雌穗粒数的关键时期，一般展开叶 9~12 片，可见叶数 14 片左右，此时植株叶呈现大喇叭的形状，因此，此次追肥是促进雌穗小花分化，达到穗大、粒多、增产的目的，所以生产上也称攻穗肥。穗肥一般应重施，施肥量占总肥量的 60%~80%，并以速效肥为宜，但必须根据具体情况合理运筹拔节肥和穗肥的比重。一般土壤肥力较高、基肥足、苗势较好的，可以稳施拔节肥，重施穗肥；反之，可以重施拔节肥，少施穗肥。

（4）粒肥。粒肥的作用是养根保叶，防止玉米后期脱肥早衰，以延长后期绿叶的功能期，提高粒重，一般在吐丝期追肥。粒肥应轻施、巧施，即根据当时植株的生长状况而定，施肥量占总追肥量的 5% 左右，如果穗肥不足，发生脱肥，果穗节以上黄绿，下部叶早枯的，粒肥可适当多施，反之则可少施或不施。

三、水稻的测土配方施肥技术

（一）水稻需肥量

氮、磷、钾是水稻吸收量多而土壤供给量又常常不足的 3 种营养元素，因而这些元素也成为水稻生产中的主要限制因素。每生产 1 000 千克稻谷及相应的稻草，需吸收氮素（N） 15~19.1

千克、磷素（P_2O_5）8.1~10.2 千克、钾素（K_2O）18.3~38.2 千克，三者的比例约为 2∶1∶3。

水稻各生育期内的养分含量，随着生育期的进展及植株干物质积累量的增加，氮、磷、钾的含有率呈逐渐减少趋势。但对不同营养元素、不同施肥水平和不同水稻类型，变化情况不同。总体而言，整个生长过程中，各时期水稻氮、磷和钾的吸收量表现为：秧苗期氮、磷、钾分别占全生育期养分吸收总量的 0.50%、0.26%、0.40%；分蘖期氮、磷、钾分别占全生育期养分吸收总量的 23.16%、10.58%、16.95%；拔节期氮、磷、钾分别占全生育期养分吸收总量的 51.40%、58.03%、59.74%；水稻抽穗期氮、磷、钾分别占全生育期养分吸收总量的 12.31%、19.66%、16.92%；成熟期氮、磷、钾分别占全生育期养分吸收总量的 12.63%、11.47%、5.99%。水稻除了生长发育所必需的 16 种营养元素外，对硅的吸收量也比较大，分析表明每生产 100 千克稻谷，水稻需从外界吸收硅素 17.5~20 千克。

（二）水稻肥料的分配与施用

1. 育秧施肥

水稻在种植前期要经过育秧，双季早稻秧龄为 28~30 天，中稻 1 个月左右。秧田的主要目的就是培养健壮的秧苗，从而为水稻的生长打下坚实的基础，这是水稻高产的关键。由于早、中稻秧秧龄期短，生长密度大，秧苗生长快而壮，因而保证秧田充足的肥料供应尤为重要。研究表明，同样 1 千克化肥，秧田中的肥效是本田的 4~5 倍，三大营养元素中，秧苗需氮肥最多，钾肥次之，磷肥最少。但在氮肥施用量增加的情况下，应注意适当补充磷肥和钾肥。在肥料选择上以优质的农家肥、适量的化肥或专用肥作基肥。氮肥要深施，含水量高的秧田育秧，可在第二次犁田时施用，用量每亩秧田硫酸铵 15~25 千克或碳酸氢铵 15~20 千克、专用肥 15~20 千克。南方地区育秧恰逢低温阴雨，土壤中有效磷和速效钾含量不足，应适当施用磷钾肥作基肥，这样可有效减少烂秧，培养壮苗。早、中秧追肥 1~2 次，3 叶期追施，每亩尿素 3~4 千克或硫酸铵 7.5~10 千克及腐熟的人粪尿500 千克。为提高移栽秧苗发根能力，促进分蘖，起秧前 3~4 天施起身肥，一般选用尿素或硫酸铵，每亩秧田施尿素 3~5 千克、硫酸铵 10~15 千克。

2. **本田施肥**

（1）基肥。基肥对于水稻的生长非常重要，最适宜施用有机肥，一般每亩稻田施有机肥 1 000~2 000 千克。此外，晚熟插秧品种每亩稻田施水稻专用肥 40~60 千克、硅肥 50~100 千克、氯化钾 10 千克；早熟品种每亩稻田施水稻专用肥 30~50 千克、氯化钾 8 千克。

（2）分蘖肥。分蘖肥一般分为 2 次施用。晚熟品种在插秧后 5~7 天进行第一次施用，每亩稻田施水稻专用肥 5~7 千克，插秧后 15 天左右进行第二次施用，每亩稻田施水稻专用肥 6~7 千克。中早熟品种第一次在 3.5~4 叶期，每亩稻田施水稻专用肥 5~6 千克，插秧后 6 叶期进行第二次施肥，每亩稻田施水稻专用肥 5~6 千克、尿素 5.5~6 千克。

（3）穗肥。该阶段施肥主要根据水稻在田间的具体长势进行，一般于 7 月上旬进行，其中，晚熟品种每亩稻田施水稻专用肥 4~4.5 千克或尿素 4 千克，中早熟品种每亩稻田施水稻专用肥 3~4 千克或尿素 3.5~4 千克。

（4）粒肥。一般于水稻齐穗后进行，晚熟品种每亩稻田施水稻专用肥 3~4 千克，中早熟品种每亩稻田施水稻专用肥 2~3 千克。

四、小麦的测土配方施肥技术

（一）小麦需肥量

在一般中等肥力水平下，每生产 100 千克小麦，约需从土壤中吸收氮 3 千克，五氧化二磷 1.25 千克，氧化钾 2.5 千克。

以亩产 400 千克小麦为目标，需氮 19~21 千克，五氧化二磷 5.5~6.0 千克，氧化钾 10~12 千克。其中有机养分分别占 35%、35% 和 70%。即在施足有机肥的基础上，每亩还应分别施用尿素 27~30 千克，过磷酸钙 30~33 千克，氯化钾 5~6 千克。

（二）小麦肥料的分配与施用

小麦施肥要克服钾肥不足、氮肥运筹前期重中后期轻的旧施肥习惯。有机肥宜作基肥和前期追肥；磷、钾肥可全作基肥，或 80% 作基肥，20% 作后期追肥；氮肥基、追各半。具体施肥技术如下。

1. 施足基肥，早施苗肥

基肥：实行秸秆还田或亩施优质农家肥 2~3 米³，专用配方肥 40~50 千克，或磷酸二铵 15 千克配施尿素 15 千克。苗肥：施氮量占总氮量的 10%~20%，亩用尿素 6 千克左右。苗肥要早施，宜在 2 叶 1 心前施用。

2. 施好拔节孕穗肥

此时需肥最多，要防止脱肥早衰，防止恋青倒仗。拔节肥用量应占总用氮量的 30%~40%，一般亩施 8.5~11 千克尿素，高产田块配施 2.5 千克磷酸二铵、2.5~5 千克氯化钾。

3. 搞好后期根外喷肥（叶面施肥）

根外喷肥是补充小麦后期营养不足的一种有效施肥方法。由于麦田后期不便追肥，且根系的吸收能力随着生育期的推进日趋降低。因此，若小麦生育后期必须追施肥料时，可采用叶面喷施的方法，这也是小麦生产的一项应急措施。选择何种肥料，要

"看地、看长相"，根据具体情况而确定。"看地、看长相"就是根据土壤养分状况、小麦长势、长相而确定追施肥料的种类和数量。

抽穗期到乳熟期，如叶色发黄、脱肥早衰麦田，可喷施2%~3%的尿素溶液。喷施尿素不仅可以增加千粒重，而且还具有提高籽粒蛋白质含量的作用。

没有早衰现象的高产麦田，一般不再追施氮素化肥；有可能贪青晚熟的麦田，不要追施氮素化肥。这两类麦田，可喷施0.3%~0.4%的磷酸二氢钾溶液，据试验，一般可提高千粒重1~3克，增产5%以上，高的可增产15%左右。尿素和磷酸二氢钾的喷施量为每亩50~60千克。喷肥的时间宜选择在无风的16时以后，以避免水分过快蒸发，降低肥效。

五、马铃薯的测土配方施肥技术

(一) 马铃薯需肥量

马铃薯吸肥特点是以钾吸收量最大，氮次之，磷最少，是一种喜钾作物。

马铃薯幼苗期吸肥量很少，发棵期吸肥量迅速增加，到结薯初期达到最高峰，而后吸肥量急剧下降。

苗期是马铃薯的营养生长期，此期植株吸收的氮、磷、钾为全生育期总量的18%、14%、14%，养分来源前期主要是种薯供应，种薯萌发新根后，从土壤和肥料中吸收养分。块茎形成期所吸收的氮、磷、钾占总量的35%、30%、29%，而且吸收速度快，此期供肥好坏将影响结薯多少。块茎肥大期，主要以块茎生长为主，植株吸收的氮、磷、钾占总量的35%、35%、43%，养分需求量最大，吸收速率仅次于块茎形成期。淀粉积累期叶中的养分向块茎转移，茎叶逐渐枯萎，养分吸收减少，植株吸收的氮、磷、钾占总量的12%、21%、14%，此期供应一定的养分对块茎的形成与淀粉积累具有重要意义。

马铃薯除去需要吸收大量的大量元素之外，还需要吸收钙、镁、硫、锰、锌、硼、铁等中微量元素。马铃薯对氮、磷、钾肥的需要量随茎叶和块茎的不断增长而增加。在块茎形成盛期需肥量约占总需肥量的 60%，生长初期与末期约各需总需肥量的 20%。

（二）马铃薯肥料的分配与施用

每亩马铃薯产量水平 2 000~3 000 千克，底肥每亩施用配方肥 40~45 千克+腐熟农家肥 500~1 000 千克；苗肥（齐苗时）每亩追施尿素 6~8 千克，硫酸钾或氯化钾 10~12 千克。每亩产量水平 1 500~2 000 千克，底肥每亩施用配方肥 30~40 千克+腐熟农家肥 500~1 000 千克；苗肥（齐苗时）每亩追施尿素 5~7 千克，硫酸钾或氯化钾 7~10 千克。每亩产量水平小于 1 500 千克，底肥每亩施用配方肥 30~40 千克+腐熟农家肥 500~1 000 千克；苗肥（齐苗时）每亩追施尿素 2~3 千克，硫酸钾或氯化钾 3~5 千克。为防止薯秧早衰，花谢时，每亩用磷酸二氢钾 100 克兑水 50 千克进行喷雾。硫缺乏的地区，应选用含硫肥料（如硫酸铵、硫酸钾）；硼或锌缺乏的土壤，每亩可基施硼砂 1 千克或硫酸锌 1~2 千克。pH 值小于 5.5 的土壤每亩增施生石灰 80~150 千克，调节土壤酸碱度。

六、油菜的测土配方施肥技术

（一）油菜需肥量

油菜生长周期长，植株高大，在生产中需要大量的肥料供应，尤其对钙、硼等中微量元素的需求量上较其他作物高。

油菜不同生长发育阶段的养分吸收比例和强度都有很大差异。对氮素营养方面，苗期对氮的吸收约占整个生育期的 43.5%，是氮素营养的临界期；薹期吸收的氮素约占整个生育期的 44.4%，为需氮最多的时期；开花至成熟期，氮素吸收较少，仅占 12%。油菜生长阶段氮素积累量有 3 个高峰，第一个高峰为 10 叶期，是快速增长期，之后由于低温根系活力降低，氮的积累量逐渐降低，返青后，由于气温回升，地上部分加速增长，吸收氮素的能力增强；在初花期形成第二个高峰，为快速积累期，终花期氮积累呈下降趋势；成熟期又继续上升，但增幅较小，在这时达到第三个峰值。对磷的吸收方面，苗期吸收的磷约占全生育期总吸收磷量的 23.5%，但生长初期对磷敏感，幼苗 2 叶期为其临界期，因磷素在植物体内可能被再度利用，且分配上具有顶端优势。所以一般情况下可将磷肥全部作基肥施用；开花至成熟期是油菜生育期中吸收磷素最高的阶段，总积累量随生长期的变化与氮素相似，但积累速率不同，表现为双峰趋势。第一个高峰出现于 10 叶期，以后因温度下降而逐渐降低，返青后抽薹至初花期达到最高，为第二个高峰；之后由于叶片的凋零，根系衰老，磷累积量呈下降趋势。对钾素的吸收方面，苗期吸收的钾素占全生育期总吸收量的 29.8%，薹期为吸收钾素最多的时期，钾的吸收速率变化呈微弱的双峰趋势，第一高峰期在移栽的 10 叶期，第二高峰期出现在抽薹至初花期。

另外，油菜（尤其是甘蓝型油菜）对硼异常敏感，当土壤水溶性硼（B）含量低于 0.5 毫克/千克时，油菜常因缺硼而出现"花而不实"的现象，从而导致油菜大幅度减产。油菜终花期到成熟期，吸硼量可占全生育期总需硼量的 50%~60%。因此，在油菜生产中应特别重视硼肥的施用。

（二）油菜肥料的分配与施用

油菜在施肥过程中要重施基肥，早施苗肥，巧施薹肥，并注意硼肥的施用。移栽油菜至大田底肥一定要充足，用量一般占总施肥量的 40%~60%，以营养成分全面的有机肥为主，并配合一定量的速效氮、磷、钾及硼肥。底肥的用量依产量目标测土配方确定，若每亩土地产 200 千克菜籽，则需施有机肥 1 500 千克、油菜专用配方肥 50 千克、硼肥 0.5~1 千克。苗肥尽量早施，施用原则一般是先淡后浓，先少后多，分次施用，直播油菜定苗后 15 天内将苗肥施完。移栽的油菜成活后，施提苗肥，每亩土地尿素用量 5 千克左右，兑水穴施或雨前撒施，栽后 25 天左右，视苗情追施适量尿素促苗。腊肥的施用一般于 12 月中下旬到 1 月上中旬与中耕结合进行，以迟效有机肥（厩肥、泥肥、饼肥等）为主，视苗情一般每亩土地用腐熟猪牛粪草 1 000~1 500 千克。若油菜长势较好，可少施或推迟施。薹肥一般于 1 月下旬到 2 月上旬薹高 10 厘米左右时视长势而定，长势旺的则迟施少施，长势弱或脱肥田则应早施重施，一般每亩土地施粪尿 750~1 000 千克，或尿素 7~10 千克。抽薹至盛花期，应及早补施花肥，可增加角果和籽粒的数量，增加粒重和含油量。施肥时间，一般视前期施肥量和油菜长势、数量和种类而定。前期施肥多，长势好的可结合病虫防治根外喷施 0.3% 磷酸二氢钾溶液。对于长势差的地块，除磷钾肥外，再加尿素（23~40 千克/亩）兑清水喷施 1~2 次。有条件的地区还可菌肥与化肥配合施用，施用方法有基施、拌种、蘸根、叶面喷施等。

七、花生的测土配方施肥技术

（一）花生需肥量

花生是含脂类和蛋白质较多的作物，正常生长发育需氮、磷、钾、钙、镁、硫、锌、铜、铁、锰等多种矿质元素。全生育过程内，每生产 1 000 千克花生荚果需吸收氮素（N）58~69 千克、磷素（P_2O_5）10~13 千克、钾素（K_2O）20~38 千克，吸收比例约为 1：0.19：0.49。其他营养元素中对钙和镁的吸收量最大，比三大营养元素中的磷还多，研究发现每生产 1 000 千克荚果，约吸收钙 25.2 千克、镁 25.3 千克。

整个生育期内对氮、磷、钾的吸收规律表现为：苗期需要的养分较少，氮、磷、钾的吸收量仅占其一生吸收总量的5%左右，开花期吸收养分的数量急剧增加，氮、磷、钾的吸收分别占一生吸收总量的17%、22.6%和22.3%；结荚期是花生营养生长和生殖生长最旺盛的时期，也是吸收养分最多的时期，有大批荚果形成。氮的吸收量约占一生吸收总量的42%，磷占46%，钾占60%；饱果成熟期植株吸收养分的能力逐渐减弱，氮、磷、钾的吸收量分别占一生总量的28%、22%和7%。

（二）花生肥料的分配与施用

花生配方肥在施用过程中要根据花生的需肥特点，合理选择各种肥料配合施用，可有效提高花生产量，改善花生品质。花生施肥应以有机肥料为主，无机肥料为辅。在施肥时应以基肥为主，适当追肥。在基肥施足的情况下，应根据花生的生长情况，用速效肥料适时适量进行追肥。底肥和种肥是壮苗、旺花及丰果的基础，花生基肥占总肥料的80%以上，施用过程中应以有机肥料为主，配合施用氮和磷等肥料，具体施法因肥料种类和数量而异。每亩花生田施有机肥料3 000千克以上，纯氮（N）3.6~5.7千克、磷（P_2O_5）1.9~3.2千克、钾（K_2O）6.2~10千克（折实物量为：尿素15~25千克、氯化钾20~30千克、磷酸二铵17~27千克）。花生专用肥（含量为45% N-P-K的10-18-17）每亩25千克即可。播前整地作底肥撒施大部分，留少部分结合播种集中沟施或穴施。为提高磷肥肥效，可于施肥前将磷肥与有机肥堆沤15~20天。播种时，用根瘤菌剂拌种增加有效根瘤菌。此外，用0.01%~0.1%的硼酸水溶液或0.2%~0.3%的钼酸铵进行拌种或浸种，可有效补充花生所需的微量元素。根据花生生长情况应适时追肥，苗期追肥应在始花前进行，一般追施尿素80~100千克/公顷，过磷酸钙150~200千克/公顷，一般采用开沟条施。开花后可施石膏粉300~400千克/公顷和过磷酸钙

150~200 千克/公顷, 进而增加结果期的磷钙营养。在花生结荚饱果期脱肥又不能进行追肥的情况下, 可用 0.2%磷酸二氢钾和2%尿素叶面喷施 1~2 次, 可以起到保根、保叶的作用, 提高结实率和饱果率。

八、油葵的测土配方施肥技术

(一) 油葵的需肥量

油葵由于生育期较短, 产量较高, 因此是耗肥较大的作物之一, 尤其是对钾肥的需要远远高于其他作物。油葵全生育期需钾较多, 需氮次之, 需磷最少。苗期吸收氮 (N)、磷 (P_2O_5)、钾 (K_2O) 分别为 14%、20%、25%左右。现蕾期分别为 25%、15%、27%。开花期分别为 31%、31%、24%。成熟期分别为30%、35%、24%。由此可见, 油葵从现蕾到开花, 特别是花盘形成至开花是其养分吸收的关键期。

(二) 油葵肥料的分配与施用

油葵对肥料的吸收前期较少, 后期较多; 需钾较多, 需氮次之, 需磷最少。在苗期每亩可追施尿素 5~7 千克, 花期追肥结合浇水开沟, 每亩施尿素 15~20 千克、硫酸钾 10~15 千克, 施肥深度 10 厘米左右。

九、胡麻的测土配方施肥技术

(一) 胡麻的需肥量

胡麻是需肥较多又不耐高氮的作物。胡麻的需肥规律与生长发育进程密切相关。胡麻生育期分为苗期、枞行期、现蕾期、开花期、成熟期, 氮素吸收在苗期较慢, 进入枞行期以后明显加快。枞行期磷吸收量仅占全生育期吸收量的 8.3%, 吸收高峰在现蕾期至开花期。枞行期以氮素营养占主导地位, 由枞行期到快速生长期钾素营养占主导地位, 现蕾期到开花期磷素营养比例逐渐增大。据测定，每生产100千克胡麻大约从土壤吸收氮素7.6千克、磷素1.42千克、钾素5.08千克。

（二）胡麻肥料的分配与施用

胡麻施肥数量和比例的确定主要依据作物需肥规律、气候条件和土壤条件而定，其中作物需肥规律和土壤肥力是决定配方的基础，因此，以不同肥力划分档次来推荐施肥量是合理施肥的重要内容。对于胡麻来说施用有机肥应为每亩1 000千克以上，肥源充足的地方应尽量多施，在此基础上不同产量水平的配方施肥的氮、磷施肥量推荐如下：高肥力地块：目标产量100~150千克推荐施肥量氮素5.3~6.5千克/亩，磷素3.7~4.5千克/亩；中肥力地块：目标产量70~100千克推荐施肥量氮素4.3~5.5千克/亩，磷素2.7~3.5千克/亩；低肥力地块：目标产量50~70千克推荐施肥量氮素3.3~4.5千克/亩，磷素2.1~2.9千克/亩。

十、番茄的测土配方施肥技术

（一）番茄的需肥量

番茄是需肥较多、耐肥的茄果类蔬菜。番茄不仅需要氮、磷、钾，而且对钙、镁等需要量也较大。

番茄不同生育时期对养分的吸收量不同，一般随生育期的推进而增加。在幼苗期以氮营养为主，在第一穗果开始结果时，对氮、磷、钾的吸收量迅速增加，氮在三要素中占50%，而钾只占32%；到结果盛期和开始收获期，氮只占36%，而钾已占50%，结果期磷的吸收量约占15%。番茄需钾的特点是从坐果开始一直呈直线上升，果实膨大期吸钾量占全生育期吸钾总量的70%以上。直到采收后期对钾的吸收量才稍有减少。番茄对氮和钙的吸收规律基本相同，从定植至采收末期，氮和钙的累计吸收量呈直线上升，从第一穗果实膨大期开始，吸收速率迅速增大，吸氮量急剧增加。番茄对磷和镁的吸收规律基本相似，随着生育期的进展对磷、镁的吸收量也逐渐增多，但是与氮相比，累积吸收量都比较低。虽然苗期对磷的吸收量较小，但磷对以后的生长发育影响很大，供磷不足，不利于花芽分化和植株发育。

（二）番茄肥料的分配与施用

1. 施足基肥

移栽定植前，每平方米施腐熟有机肥 4~5 千克，尿素 15克，过磷酸钙 50 克，硫酸钾 20 克，草木灰 150 克。或高氮低磷高钾型三元复合肥（20-5-20）30 克左右。过磷酸钙每平方米施 50 克左右，一般将其中的 2/3 均匀撒施于地表，结合整地翻入，1/3 施在定植沟内。如果是优质有机肥，数量较少，可与化肥混合后，以集中沟施为主。保护地冬春茬栽培，基肥施用量要适当加大。为促进根系向纵深生长，定植前要深耕。

2. 施催苗肥

缓苗后应追施一次催苗肥，每平方米穴施腐熟人类尿 250~500 克，尿素 5 克，对早熟品种追肥量应稍大，以免出现"坠秧"现象，对中晚熟品种或苗龄小的秧苗要控制追肥量，以防徒长。另外，施肥穴应挖在根系即将延伸到的位置，并且不要离根太近，以免造成烧根。

3. 追施膨果肥

第一穗果开始膨大时，结合浇水，每平方米施人粪尿 500克，尿素 8~10 克。当第一穗果发白，第二、三穗果进入迅速膨大期时，肥水需要量达到高峰，应及时追施盛果肥。每平方米随水追施磷酸二铵 25 克，硫酸钾复合肥 25~30 克，盛果期追 2~3次肥后，搭架秋番茄需再增加追肥 1~2 次，以确保中后期生长。

在番茄开花结果期，可进行根外追肥（即叶面喷肥），常用的肥料水溶液有：0.5%~1% 的尿素，1% 的过磷酸钙浸出液，0.1%~0.2% 的磷酸二氢钾，0.4%~0.7% 的氯化钙等，可混合喷施或交替喷施。在第一穗果初花期和果实膨大期分别喷施浓度

0.03%~0.04%的稀土水溶液，可提高坐果率，改善果实品质。

保护地栽培番茄施用氮、磷、钾肥的量比露地稍大。为提高幼苗质量和果实产量，棚室内应增施 CO_2 肥，提高棚室番茄的产量。

十一、辣椒的测土配方施肥技术

（一）辣椒的需肥量

辣椒为吸肥量较多的蔬菜类型，每生产 1 000 千克鲜辣椒需氮 3.5~5.5 千克，五氧化二磷 0.7~1.4 千克，氧化钾 5.5~7.2千克，氧化钙 2~5 千克，氧化镁 0.7~3.2 千克。

辣椒在各个不同生育期，所吸收的氮、磷、钾等营养物质的数量也有所不同。从出苗到现蕾，由于植株根少叶小，干物质积累较慢，因而需要的养分也少，约占吸收总量的 5%；从现蕾到初花植株生长加快，营养体迅速扩大，干物质积累量也逐渐增加，对养分的吸收量增多，约占吸收总量的 11%；从初花至盛花结果是辣椒营养生长和生殖生长旺盛时期，也是吸收养分和氮素最多的时期，约占吸收总量的 34%；盛花至成熟期，植株的营养生长较弱，这时对磷、钾的需要量最多，约占吸收总量的50%；在成熟果收摘后，为了及时促进枝叶生长发育，这时又需较大数量的氮肥。

（二）辣椒肥料的分配与施用

1. 基肥

大田亩产 5 000 千克辣椒，亩施农家肥 5 000~8 000 千克，过磷酸钙 25~50 千克、硫酸钾 25~35 千克，或 45% 复合肥（15-15-15）30~40 千克，整地前撒施 60%，定植时沟施 40%，以保证辣椒较长时间对肥料的需要。

2. 育苗肥

在 100 平方米苗床上，施入 150~200 千克农家肥，过磷酸钙 1~2 千克，翻耕 3~4 遍，达到培育壮苗的目的。

3. 追肥

幼苗移栽后，结合浇水追施腐熟人粪尿。蹲苗结束后，门椒以上茎叶长出 3~5 节，果实达 2~3 厘米时，及时冲施高氮复合肥 10~15 千克。半月后，追施第二次量同前。雨季过后，及时追肥，每亩追施高氮复合肥 10~15 千克，促多结椒。

4. 叶面追肥

开花结果期，叶面喷 0.5%尿素加 0.5%磷酸二氢钾，可以提高结果数量，改善果实品质。

十二、黄瓜的测土配方施肥技术

（一）黄瓜的需肥量

黄瓜的营养生长与生殖生长并进时间长，产量高，需肥量大，喜肥但不耐肥，是典型的果蔬型瓜类作物。每 1 000 千克商品瓜需氮 2.8~3.2 千克，五氧化二磷 1.2~1.8 千克，氧化钾 3.3~4.4 千克、氧化钙 2.9~3.9 千克，氧化镁 0.6~0.8 千克。氮、磷、钾比例为 1：0.4：1.6。黄瓜全生育期需钾最多，其次是氮，再次为磷。

黄瓜对氮、磷、钾的吸收是随着生育期的推进而有所变化的，从播种到抽蔓吸收的数量增加；进入结瓜期，对各养分吸收的速度加快；到盛瓜期达到最大值，结瓜后期则又减少。它的养分吸收量因品种及栽培条件而异。各部位养分浓度的相对含量，氮、磷、钾在收获初期偏高，随着生育时期的延长，其相对含量下降；而钙和镁则是随着生育期的延长而上升。

黄瓜茎秆叶片中的氮、磷含量高，茎中钾的含量高。当产品器官形成时，约占 60%的氮、50%的磷和 80%的钾集中在果实中。当采收种瓜时，矿质营养元素的含量更高。始花期以前进入植株体内的营养物质不多，仅占总吸收量的 10%左右，绝大部分养分是在结瓜期进入植物体内的。当采收嫩瓜基本结束之后，矿质元素进入体内很少。但采收种瓜时则不同，在后期对营养元素吸收还较多，氮与磷的吸收量约占总吸收量的 20%，钾则为 40%。

（二）黄瓜肥料的分配与施用

按目标产量 10 000 千克，推荐如下配方方案：有机肥 5 000~8 000 千克，氮 41 千克，五氧化二磷 23 千克，氧化钾 55 千克，硼肥 0.5~0.75 千克，锌肥 1~2 千克。

1. 重施基肥，适时定值

保护地定植黄瓜必须重施基肥。这是根据保护地土壤特点和黄瓜的生育要求而定的原则，全部的有机肥、20% 的氮、20% 的磷、30% 的钾和全部的微量元素肥料用作基肥，剩余的氮磷钾肥用作追肥。有机肥在施用前必须充分腐熟，严禁施用未腐熟的。在腐熟过程中适当添加麦秸、稻草等有机物，提高有机质含量。倒粪时适当喷洒辛硫磷等杀虫剂，消灭粪肥中害虫。

2. 巧施追肥，促根壮秧

黄瓜在生长过程中应多次追肥，每次追肥量不宜过大，少量多次，共需追肥 8~10 次，即勤追轻施为宜。结瓜前期和后期每隔一次水追一次肥，结瓜盛期每浇一次水追一次肥。每次追肥为氮 3.3 千克，五氧化二磷 1.8 千克，氧化钾 3.8 千克。

3 叶面喷肥

分别在初花期和盛果期叶面喷施多元螯合微肥，喷施浓度为 0.1%，以后每隔 7~10 天叶面喷施肥 1 次，可交替喷施 0.1% 尿素和 0.2% 磷酸二氢钾混合液，或 0.1% 尿素和 0.05% 硼砂或 0.05% 硫酸锌混合液等。

十三、茄子的测土配方施肥技术

（一）茄子的需肥量

从全生育期来看，茄子对钾的吸收量最多，氮、钙次之，磷、镁最少。生产1 000千克茄子需纯氮2.62~3.3千克，五氧化二磷0.63~1.0千克，氧化钾4.7~5.6千克，氧化钙1.2千克，氧化镁0.5千克，其吸收比例为1：0.27：1.42：0.39：0.16。

茄子对各种养分吸收的特点是从定植开始到收获结束逐步增加。特别是开始收获后养分吸收量增多，至收获盛期急剧增加。其中在生长中期吸收钾的数量与吸收氮的情况相近，到生育后期钾的吸收量远比氮素要多，到后期磷的吸收量虽有所增多，但与钾氮相比要小得多。

苗期氮、磷、钾三要素的吸收仅为其总量的0.05%、0.07%、0.09%。开花初期吸收量逐渐增加，到盛果期至末果期养分的吸收量占全期的90%以上，其中盛果期占2/3左右。各生育期对养分的要求不同，生育初期的肥料主要是促进植株的营养生长，随着生育期的进展，养分向花和果实的输送量增加。在盛花期，氮和钾的吸收量显著增加，这个时期如果氮素不足，花发育不良，短柱花增多，产量降低。

（二）茄子肥料的分配与施用

中等肥力水平下茄子全生育期每亩施肥量为农家肥3 000~3 500千克（或商品有机肥400~450千克），氮肥14~17千克、磷肥4~6千克、钾肥10~13千克，氮、钾肥分基肥和二次追肥，磷肥全部作基肥，化肥和农家肥（或商品有机肥）混合施用。

1. 基肥

每亩施用农家肥3 000~3 500千克或商品有机肥400~450千克，尿素4~5千克、磷酸二铵9~13千克、硫酸钾6~8千克。

2. 追肥

对茄子膨大期亩施尿素 11~14 千克、硫酸钾 7~9 千克；四母斗膨大期追尿素 11~14 千克、硫酸钾 7~9 千克。

3. 根外追肥

缺钾地区可在茄子膨大期叶面喷施 0.2%~0.5% 磷酸二氢钾水溶液补充钾肥，还可叶面喷施微量元素以补充微肥。设施栽培可增施二氧化碳气肥。

主要参考文献

郭跃升，郑东峰，2017. 菜地现代施肥技术 ［M］. 北京：化学工业出版社.

利生，2011. 科学施肥知识 ［M］. 西安：西安地图出版社.

刘凤枝，李玉浸，2015. 土壤监测分析技术 ［M］. 北京：化学工业出版社.

刘树堂，崔德杰，2001. 作物施肥技术与缺素症矫治 ［M］. 北京：金盾出版社.

米志鹍，陈刚，张秀花，2018. 植物生长环境 ［M］. 北京：化学工业出版社.

秦关召，袁建江，李北京，2017. 测土配方施肥实用技术 ［M］. 北京：中国农业科学技术出版社.

全国农业技术推广服务中心，2017. 化肥减量增效技术模式 ［M］. 北京：中国农业出版社.

王淑娟，赵永敢，李彦，等，2020. 脱硫石膏改良盐碱土壤技术研究与应用 ［M］. 北京：科学出版社.

杨召德，董正权，张程，等，2021. 泗洪耕地 ［M］. 南京：江苏凤凰科学技术出版社.

张福锁，陈新平，陈清，等，2009. 中国主要作物施肥指南 ［M］. 北京：中国农业大学出版社.